消防工程施工技术

XIAOFANG GONGCHENG SHIGONG JISHU

主　编　谭雪慧　魏伊涵　甘赣龙

副主编　娄孟伟　尹辅臣　曾玲琴

编　委　唐绍其　王燕华　曾德明　娄孟伟　尹辅臣
　　　　魏伊涵　谭雪慧　李春花　甘赣龙　罗如强
　　　　邓继莹　蒋　富　雷　云　林　健　曾玲琴
　　　　刘书锦　潘新忠　苏小波　郭超艳

WUHAN UNIVERSITY PRESS
武汉大学出版社

图书在版编目(CIP)数据

消防工程施工技术/谭雪慧,魏伊涵,甘赣龙主编.—武汉:武汉大学出版社,2023.12(2024.7 重印)
ISBN 978-7-307-23948-7

Ⅰ.消…　Ⅱ.①谭…　②魏…　③甘…　Ⅲ.消防设备—建筑安装—工程施工　Ⅳ.TU892

中国国家版本馆 CIP 数据核字(2023)第 158532 号

责任编辑:胡　艳　　　责任校对:李孟潇　　　版式设计:马　佳

出版发行:**武汉大学出版社** 　(430072　武昌　珞珈山)
　　　　(电子邮箱:cbs22@whu.edu.cn　网址:www.wdp.com.cn)
印刷:武汉邮科印务有限公司
开本:787×1092　1/16　印张:13.25　字数:314 千字　　插页:1
版次:2023 年 12 月第 1 版　　2024 年 7 月第 2 次印刷
ISBN 978-7-307-23948-7　　定价:48.00 元

前　　言

随着建筑行业的发展，建筑形式越来越多元。建筑物是人们生产生活的场地，做好建筑的消防安全工作，是人们的生命财产安全的重要保障，所以消防安全的重要性愈发凸显。消防工程是建筑工程的一部分，由于建筑施工场所流动、项目施工分散、交叉作业繁多，消防工程施工质量的优劣决定了建筑安全程度的高低。合理开展消防工程施工，对消除火灾隐患、提高建筑工程安全性、保障群众的生命和财产安全等具有非常重要的意义。

全书共包含 8 个项目，包括：消防工程施工绪论、火灾自动报警系统、消防给水及消火栓系统、自动喷水灭火系统、气体灭火系统、其他自动灭火系统、防排烟系统、其他建筑消防设施的安装施工、调试及验收等。

本教材紧跟建筑消防行业技术的发展趋势，满足建筑消防领域实现技术创新、转型升级的要求，贴合建筑消防领域安装施工技术人才培养的需要。不仅可作为建筑消防技术、建筑智能化工程技术、建筑设备工程技术等专业，以及安全管理与技术、消防救援技术等专业的教材，同时还可作为相关工程安装施工与管理人员的培训教材或参考书。

在本书的编写过程中，参阅了许多专家的相关著作以及文献资料，在此谨向各位作者表示衷心感谢。

由于编者水平有限，书中难免有不足之处，恳请广大读者批评指正，以便及时修订与完善。

编　者
2023 年 2 月

目　　录

项目 1　消防工程施工绪论

◎ **知识目标**：掌握消防工程施工图的识读方法；了解消防工程施工前的准备。
◎ **能力目标**：能够进行消防工程施工图的识读；能够进行消防工程施工前的准备工作。
◎ **素质目标**：培养学生刻苦钻研、勇于探索的精神。
◎ **思政目标**：严格按照要求进行消防工程施工前的准备，确保安全施工，始终坚持"安全第一"的理念。

任务 1.1　消防工程施工图识图

1.1.1　消防工程施工图的组成

消防工程施工图一般包括说明性文件、主要设备材料表、系统图、各系统平面图、剖面图、详细图等。

1.1.1.1　说明性文件

说明性文件通常包含消防给水系统的设计说明、图纸目录、图例等。其中，设计说明是一套施工图的核心，从设计说明中可以充分了解设计者的设计意图及设计思路，相当于消防工程的"大脑"。设计说明主要阐述整个消防给水系统设计的依据、系统概况、管道材料和消防器材的选型、安装标准和方法、施工原则和要求、工艺要求及有关设计的补充说明等，消防给水工程一般与给排水工程共用一张说明性文件。在设计说明中，通常包括工程概况、设计依据、设计范围及各系统设备设置的区域、设计原理（工作原理）、设计参数及计算结果、设备材料的材质及规格要求、设备材料的安装要求、系统试验及调试的标准、系统管道的保温与刷漆等方面的内容。一个完整的消防工程项目通常包括多个消防系统，设计说明也是按系统进行划分的，如火灾自动报警及联动系统设计说明、消防水系统设计说明（包括自动喷水灭火系统、泡沫灭火系统、消火栓系统及灭火器）、气体灭火系统说明、防排烟系统说明等。

1.1.1.2　主要设备材料表

主要设备材料表是施工采购的标尺，其设备材料的数量是施工图预算的依据。一项工程中的主要设备材料表中通常包括设备名称、单位、数量、设置部位和备注。在火灾报警系统材料表中，会特别注明导线的选型、敷设方式标注等事项。

1.1.1.3　系统图

系统图与设计说明相辅相成，相当于消防工程的"骨架"。系统图主要包括系统原理和流程，控制系统之间的相互关系，反映系统的工艺及原理。系统中的管道、设备、仪表、阀门和部件等，能够标示出平面图中难以标示清楚的内容。

系统图可以配合平面图反映并规定整个系统的管道及设备连接状况，指导施工，如立管的设计、各层横管与立管的连接、设备和器件的设计及其在系统中所处的环节。如管道系统图应标示出管道内的介质流经的设备、管道、附件、管件等连接和配置情况，并应与平面图中的立管、横干管、给水设备、附件、仪器仪表等要素相对应；立管排列应以建筑平面图左端立管为起点，以顺时针方向自左向右按立管位置及编号依次顺序排列；管道上的阀门、附件、给水设备等，均应按图例示意绘出；立管、横管及末端装置等应标注管径。如图 1-1 所示。

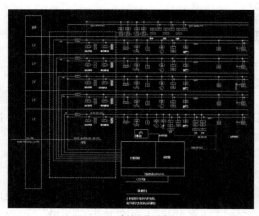
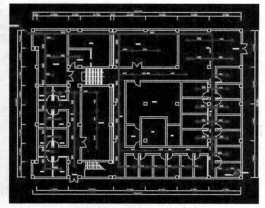

（a）系统图示例　　　　　　　　　　　（b）平面图示例

图 1-1

1.1.1.4　平面图

平面图是施工图中最基本和最重要的图，是施工图预算的依据，它主要表明建筑物内消防设施的平面布置情况，能详细标示水平管道的管径、坡度、定位尺寸和标高等内容，作为施工依据。在施工安装自检合格后，平面图是监理工程师和业主验收的依据，也是消防主管部门审核和验收的依据。

1.1.1.5　剖面图

在设备、设施数量多，各类管道重叠、交叉多，且用轴测图难以标示清楚时，应绘制剖面图。系统剖面图主要反映设备、设施、构筑物、各类管道的定位尺寸、标高、管径，以及建筑结构的空间尺寸。剖面图还应标示出设备、设施和管道上的阀门、附件和仪器仪表等位置及支架。

1.1.1.6　详细图

详细图是设备安装空间定位尺寸的依据，往往跟剖面图相辅相成，来体现重要设备的结构特征及尺寸。对平面图中因比例限制不能标示清楚的部分，如水泵房、水箱间、报警阀间等内容较复杂处，通常都需画大样图，方便施工人员按图施工。大样图的画图比例通常为 1∶50、1∶25、1∶10。

1.1.2　消防工程施工图的识读方法

迅速看懂消防工程图，首先要对消防系统分类组成有一定的了解，仔细看清楚总平面图，然后把图纸设计说明和图例浏览一遍，其中有各种符号标识需要熟记，然后再去看系统图。识图基本方法可概括为：先粗后细，平面、详图多对照。

（1）浏览标题栏和图纸目录，了解项目概况。了解工程名称、项目内容、图纸数量和内容，区分出消防水、消防电，以及气体消防。

（2）仔细阅读总说明，梳理设计说明、图例，把握设计意图、内容等。了解工程总体概况、设计依据和选用的标准图集，熟悉图中提供的图例符号。说明中会对工程中消防给水部分的总体情况进行概述，如介绍该工程的供水形式、供水管道选用的材质、管道的敷设方式、管道防腐的要求、选用的消火栓设备、灭火器的规格、型号等。说明中还会列出设计所选用的标准图集，以便计量计价或施工过程中参照。

（3）看系统图，了解整个系统的工作状态及连接方式。熟悉消防各个分系统工程的规模、形式、基本组成，了解消防系统在建筑物中的整体空间布局、干管和支管的连接关系、主要消防管线的敷设等，把握工程的总体脉络。

（4）看平面图，理清设备的安装方式、位置及连接方式等。读图时，平面图与系统图要进行对照，用以将整个系统联系起来。读平面图时，先读底层平面图，再读各楼层平面图；读底层平面图时，先读进户管线，再读干线、支线和末端设备。阅读平面图的目的是为结合系统图，熟悉消防管线在每层的具体敷设位置，了解支干管线的具体走向，了解消防设备的具体安装位置及数量，为阅读详图及计算工程量做储备。

（5）看详细图，了解具体施工技术需求。弄清楚管道、设备、附件等的平面布置和空间位置，搞清楚设备和管道间的具体的敷设方式与布设走向、安装位置和安装要求方法等。熟悉干管、支管与其他连接附件所选用的型号、规格、数量和管径的大小，了解消防设备的选用型号、规格、数量、安装位置和安装方式等。

（6）查阅图集。消防工程施工图是对具体工程的指导性文件，但不会把全部的安装方法都罗列在施工图中。具体的施工做法可以参照通用图集。对于有地下室的工程或其他大型的工程，其地下室部分的消防施工任务重，对消防监测和灭火的能力要求高，故在识读施工图的过程中，必要时，需查阅设计选用的规范和施工图集、图册，以指导实际工程的实施。

1.1.3　消防施工图中基本图形符号

消防施工图中基本图形符号见表 1-1～表 1-9。

表 1-1　　　　　　　　　　　　消防工程灭火器符号

名称	图形	名称	图形
清水灭火器		卤代烷灭火器	
推车式 ABC 类干粉灭火器		泡沫灭火器	
二氧化碳灭火器		推车式卤代烷灭火器	
BC 类干粉灭火器		推车式泡沫灭火器	
水桶		ABC 类干粉灭火器	
推车式 BC 类干粉灭火器		沙桶	

表 1-2　　　　　　　　　　　　消防工程固定灭火系统符号

名称	图形	名称	图形
水灭火系统（全淹没）		ABC 类干粉灭火系统	
手动控制灭火系统		泡沫灭火系统（全淹没）	
卤代烷灭火系统		BC 类干粉灭火系统	
二氧化碳灭火系统			

表 1-3 消防工程自动报警设备符号

名称	图形	名称	图形
消防控制中心	⊠	火灾报警装置	▭
感温探测器		感光探测器	
手动报警装置		烟感探测器	
气体探测器		报警电话	
火灾警铃		火灾报警扬声器	
火灾报警发声器		火灾光信号装置	

表 1-4 火灾自动报警设备常用图形符号

序号	图形符号	名称	序号	图形符号	名称
1	⊠	消防控制中心	8		手动报警按钮
2	▭	火灾报警装置	9		报警电话
3	B	火灾报警控制器	10		火灾警铃
4	或 W	感温火灾探测器	11		火灾报警发声器
5	或 Y	感烟火灾探测器	12		火灾报警扬声器（广播）
6	或 G	感光火灾探测器	13		火灾光信号装置
7	或 Q	可燃气体探测器			

表 1-5　　　　　　　　　　火灾自动报警设备常用附加文字符号

序号	文字符号	名称	序号	文字符号	名称
1	W	感温火灾探测器	8	WCD	差定温火灾探测器
2	Y	感烟火灾探测器	9	B	火灾报警控制器
3	G	感光火灾探测器	10	BQ	区域火灾报警控制器
4	Q	可燃气体探测器	11	BJ	集中火灾报警控制器
5	F	复合式火灾探测器	12	BT	通用火灾报警控制器
6	WD	定温火灾探测器	13	DY	电源
7	WC	差温火灾探测器			

表 1-6　　　　　　　　　　消防工程灭火设备安装处符号

名称	图形	名称	图形
二氧化碳瓶站		ABC 干粉罐	
泡沫罐站		BC 干粉灭火罐站	
消防泵站			

表 1-7　　　　　　　　　　消防工程基本图形符号

名称	图形	名称	图形
手提式灭火器		灭火设备安装处所	
推车式灭火器		控制和指示设备	
固定式灭火器（全淹没）		报警息动	
固定式灭火器（局部应用）		火灾报警装置	
固定式灭火器（指出应用区）		消防通风口	

表 1-8　　　　　　　　　　　　　　　消防工程辅助符号

名称	图形	名称	图形
水		阀门	
手动启动		泡沫或泡沫液	
出口		电铃	
无水		入口	
发声器		BC 类干粉	
热		扬声器	
ABC 类干粉		烟	
电话		卤代烷	
火焰		光信号	
二氧化碳		易爆气体	

表 1-9　　　　　　　　　　　　　　　消防管路及配件符号

名称	图形	名称	图形
干式立管		消防水管线	FS
报警阀		消防水罐（池）	
消火栓		泡沫混合液管线	FP
闭式喷头		开式喷头	
泡沫比例混合器		消防泵	

名称	图形	名称	图形
湿式立管	⊗	水泵接合器	→∠
泡沫混合器立管	●	泡沫产生器	▷●
泡沫液管	▭●		

1.1.4　火灾自动报警控制系统分类及简介

火灾自动报警控制系统主要由火灾探测器、火灾报警控制器和报警装置组成。火灾探测器将现场火灾信息（烟、温度、光）转换成电气信号传送至自动报警控制器，火灾报警控制器将接收到的火灾信号经过处理、运算和判断后认定火灾输出指令信号。一方面，启动火灾报警装置，如声、光报警等；另一方面，启动消防联动装置和连锁减灾系统，用以驱动各种灭火设备和减灾设备。火灾自动报警系统的示意图如图 1-2 所示。

火灾自动报警系统可分为区域报警系统、集中报警系统和控制中心报警系统三大类，具体如图 1-3～图 1-5 所示。

1.1.5　消防给水及消火栓系统

消防给水系统主要由消防水源（市政管网、水池、水箱）、供水设施设备（消防水泵、消防稳压设施、水泵接合器）和给水管网（阀门）等构成，是建筑物内最经济有效的消防设施。

消火栓系统一般由消防水池、高位消防水池、消防泵、稳压系统、管道系统、消火栓、水带和水枪等组成。室内消火栓管网内充满了带有压力的水，在有灭火需求时，给水系统可以将水通过消火栓系统快速输送至消火栓末端，通过水带、水枪喷射至火场内，对火灾现场进行降温扑救。它是建筑物中最基本、最常见的灭火设施。

下面介绍消防给水及消火栓系统分类。

1.1.5.1　消防给水系统分类

（1）高压消防给水系统：高压消防给水系统管网内经常维持足够高的压力，火场上不需要使用消防车或其他移动式消防水泵加压，从消火栓直接接出水带、水枪就能灭火。

采用这种给水系统时，其管网内的压力应保持生产、生活和消防用水量达到最大，且水枪布置在保护范围内任何建筑物的最高处时，水枪的充实水柱不应小于 10m。

（2）临时高压消防给水系统：临时高压消防给水系统管网内平时压力不高，在泵站（房）内设置高压消防水泵，一旦发生火灾，立刻启动。

（3）低压消防给水系统：低压消防给水系统管网内压力较低，火场上灭火时水枪所

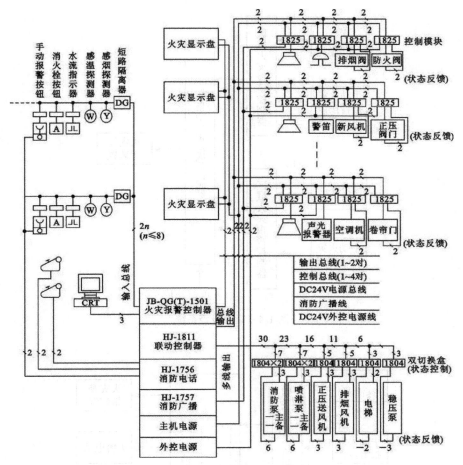

图 1-2　火灾自动报警系统示意图

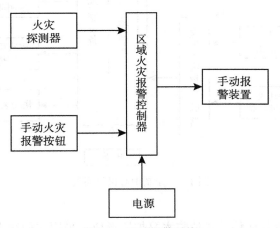

图 1-3　区域报警系统

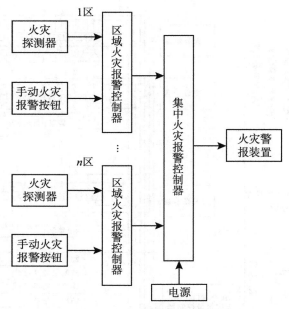

图 1-4　集中报警系统

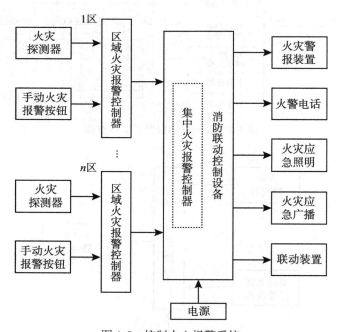

图 1-5　控制中心报警系统

需要的压力由消防车或其他移动式消防水泵加压形成。采用这种给水系统时，其管网的压力保证灭火时最不利点消火栓的水压不小于 10m 水柱。

1.1.5.2　消火栓系统分类

（1）由室外给水管网直接供水的消防给水系统：宜在室外给水管网提供的水量和水压，在任何时候均能满足室内消火栓给水系统所需的水量水压要求时采用。如图 1-6 所示。

（2）设水箱的消防给水系统：宜在室外管网一天之内有一定时间能保证消防水量、水压时（或是由生活泵向水箱补水）采用。如图 1-7 所示。

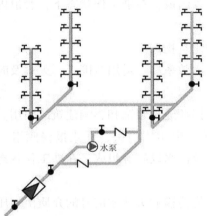

图 1-6　由室外给水管网直接供水的消防给水系统示意图

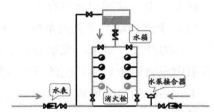

图 1-7　设水箱的消防给水系统

（3）设水泵、水箱的消防给水系统：水压要求时采用。水箱由生活泵补水，贮存 10min 的消防用水量，火灾发生初期由水箱供水灭火，消防水泵启动后由消防水泵供水灭火。如图 1-8 所示。

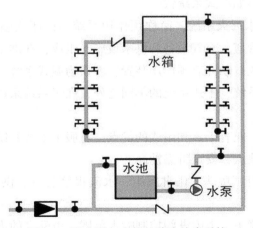

图 1-8　设水泵、水箱的消防给水系统

1.1.6　自动喷水灭火系统

自动喷水灭火系统是一种在发生火灾时，能自动打开喷头喷水灭火并同时发出火警信号的消防灭火设施。自动喷水灭火系统由水源、加压储水设备、喷头、管网和报警装置等组成。

自动喷水灭火系统可分为以下几类：

（1）湿式自动喷水灭火系统，简称湿式系统，由闭式喷头、湿式报警阀组、水流指示器、压力开关、供水与配水管道以及供水设施等组成，在准工作状态下，管道内充满用于启动系统的有压水。

适用于环境温度不低于4℃且不高于70℃的建筑物。

优点：系统简单、施工方便、节省投资、控火效率高、适用范围广；灭火及时，扑救效率高。

缺点：由于管网中充有有压水，当渗漏时会损坏建筑装饰和影响建筑的使用。

（2）干式自动喷水灭火系统，简称干式系统，由闭式喷头、干式报警阀组、水流指示器、压力开关、供水与配水管道、充气设备以及供水设施等组成，在准工作状态下，配水管道内充满用于启动系统的有压气体。

干式系统的启动原理与湿式系统相似，只是将传输喷头开放信号的介质由有压水改为有压气体。

适用于环境温度低于4℃或高于70℃的建筑物和场所，如不采暖的地下停车场、冷库等处。

优点：管网内平时没有水，可避免水气化和冻结的危险，不受环境温度制约。

缺点：投资高，因管网充气，需要增加充气设备；施工和管理较复杂，对管道气密性要求较严格；灭火速度不如湿式系统快。

（3）预作用自动喷水灭火系统，简称预作用系统，由闭式喷头、预作用装置、水流报警装置、供水与配水管道、充气设备和供水设施等组成，在准工作状态时，配水管道内不充水，由火灾报警系统自动开启预作用装置，转换为湿式系统。

预作用系统与湿式系统、干式系统的不同之处，在于系统采用雨淋阀，并配套设置火灾自动报警系统。

优点：启动速度快，兼有干式和湿式的优点，克服了干式系统喷水迟缓和湿式系统由于误动作而造成水渍的缺点，安全可靠性高。

（4）雨淋系统，由开式喷头、雨淋阀组、水流报警装置、供水与配水管道以及供水设施等组成。

雨淋系统采用开式喷头，由雨淋阀控制喷水范围，由配套的火灾自动报警系统或传动管系统启动雨淋阀。雨淋系统有电动、液动和气动控制方式。

适用于燃烧猛烈、蔓延迅速的严重危险级建筑物和其他严重危险级场所。

（5）水幕系统，由开式洒水喷头或水幕喷头、雨淋报警阀组或感温雨淋阀、供水与配水管道、控制阀以及水流报警装置（水流指示器或压力开关）等组成。

水幕系统不具备直接灭火的能力，可用于挡烟阻火和冷却分隔物。但是水幕系统配置供给泡沫混合液的设备后，组成既可喷水又可以喷泡沫的自动喷水-泡沫联用系统。

1.1.7　气体灭火系统

气体灭火系统是指平时灭火剂以液体、液化气体或气体状态存贮于压力容器内，灭火时以气体（包括蒸汽、气雾）状态喷射作为灭火介质的灭火系统，并能在防护区空间内形成各方向均一的气体浓度，而且至少能保持该灭火浓度达到规范规定的浸渍时间，实现扑灭该防护区的空间、立体火灾。

系统由贮存容器、容器阀、选择阀、液体单向阀、喷嘴和阀驱动装置等组成。

气体灭火系统可按以下几种方式分类：

1.1.7.1　按使用的灭火剂分类

（1）二氧化碳灭火系统：是以二氧化碳作为灭火介质的气体灭火系统。二氧化碳是一种不助燃的气体，对燃烧具有良好的窒息和冷却作用。

二氧化碳灭火系统按灭火剂储存压力不同可分为高压系统（指灭火剂在常温下储存的系统）和低压系统（指将灭火剂在$-20 \sim -18℃$低温下储存的系统）两种应用形式。

（2）七氟丙烷灭火系统：是以七氟丙烷作为灭火介质的气体灭火系统。七氟丙烷灭火剂属于卤代烷灭火剂系列，具有灭火能力强、灭火剂性能稳定的特点。

（3）惰性气体灭火系统：包括：IG01（氩气）灭火系统、IG100（氮气）灭火系统、IG55（氩气、氮气）灭火系统、IG541（氩气、氮气、二氧化碳）灭火系统。由于惰性气体纯粹来自自然，是一种无毒、无色、无味、惰性及不导电的纯"绿色"压缩气体，故又称为洁净气体灭火系统。

1.1.7.2　按系统的结构特点分类

（1）无管网灭火系统：又称预制灭火系统，是指按一定的应用条件，将灭火剂储存装置和喷放组件等预先设计、组装成套且具有联动控制功能的灭火系统。该系统又分为柜式气体灭火装置和悬挂式气体灭火装置两种类型，其适用于较小的、无特殊要求的防护区。

（2）管网灭火系统：是指按一定的应用条件进行计算，将灭火剂从储存装置经由干管、支管输送至喷放组件实施喷放的灭火系统。

管网系统又可分为组合分配系统和单元独立系统。组合分配系统是指用一套灭火系统储存装置同时保护两个或两个以上防护区或保护对象的气体灭火系统。单元独立系统是指用一套灭火剂储存装置保护一个防护区的灭火系统。

1.1.7.3 按应用方式分类

（1）全淹没灭火系统：是指在规定的时间内，向防护区喷射一定浓度的气体灭火剂，并使其均匀地充满整个防护区的灭火系统。

（2）局部应用灭火系统：是指在规定的时间内向保护对象以设计喷射率直接喷射气体，在保护对象周围形成局部高浓度，并持续一定时间的灭火系统。

1.1.7.4 按加压方式分类

（1）自压式气体灭火系统：是指灭火剂无须加压而是依靠自身饱和蒸气压力进行输送的灭火系统。依靠自身饱和蒸气压力进行输送。

（2）内储压式气体灭火系统：是指灭火剂在瓶组内用惰性气体进行加压储存，系统动作时灭火剂靠瓶组内的充压气体进行输送的灭火系统。

（3）外储压式气体灭火系统：是指系统动作时灭火剂由专设的充压气体瓶组按设计压力对其进行充压的灭火系统。

1.1.8 防排烟系统

防排烟系统是指建筑内的用以防止火灾烟气蔓延扩大的防烟系统和排烟系统的总称。

防烟系统采用机械加压送风方式或自然通风方式，防止烟气进入疏散通道，其目的是将烟气封闭在一定的区域内，以确保疏散线路畅通，无烟气侵入；排烟系统采用机械排烟方式或自然通风方式，将烟气排至建筑物外，其目的是将火灾时产生的烟气及时排除，防止烟气向防烟分区以外扩散，以确保疏散通路和疏散所需时间。

防排烟系统可分为以下几类：

（1）自然防排烟系统，利用火灾产生的烟气流的浮力和外部风力作用通过建筑物的对外开口，把烟气排至室外。其实质是热烟气和冷空气的对流运动。在自然排烟中，必须有冷空气的进口和热烟气的排出口。

烟气排出口可以是建筑物可开启外窗，也可以是专门设置在侧墙上部与外界大气直接相通的排烟口。

（2）机械防烟系统，以向保护区域机械加压送风的方式来实现其目的。通过疏散通路的楼梯间进行机械加压送风，使其压力高于防烟楼梯间前室或消防电梯前室，而这些部位的压力又比走道和火灾区高些，从而可阻止烟气进入楼梯间。该系统由加压送风机、送排风管道、防火阀、送风口管井以及风机控制柜等组成。该系统的风源必须吸自室外，且不应受到烟气的污染，一般情况下，该系统与排烟系统共同存在。

机械排烟系统是将建筑物分为若干防烟分区，在防烟分区内设置排烟风机，通过风道强制排出各房间或走廊的烟气。该系统由挡烟壁、排烟口、防火排烟阀门、排烟风机和排烟出口组成。其特点是：排烟稳定，投资较大，操作管理比较复杂，需要有防排烟设备，要有事故备用电源。

任务 1.2　消防工程施工前准备

1.2.1　安全准备

根据工程特点，制定出切实可行的质量保证措施和安全保证措施，为消防施工中的消防安全工作做准备，同时保证消防施工质量的安全，工程质量的好坏直接影响到消防设施的正常运行。

（1）施工队伍管理：在施工开始前，要严格对消防施工单位进行审查，组织对施工队伍进行专业知识的考评，不能达到要求的一律不准参与施工，并且定期组织安全制度学习。消防设备必须严格按照设计要求进行设备采购，并进行科学的测试，对于不合格的设备一律严禁使用。

工程施工现场的消防安全由施工单位负责。施工单位开工前必须向建设主管部门申报，经公安消防机构核发施工现场消防安全许可证后方可施工。

（2）提高消防设计质量：施工单位保持与设计单位的积极沟通，避免设计的重点得不到突出，施工的难题得不到设计解决。对于将在施工中使用的消防设施、防火材料、产品规格等，应做详细明确的规定。

1.2.2　技术准备

1.2.2.1　熟悉图纸和施工验收规范

（1）开工前，必须领取全套施工图纸（设备布置平面图、接线图、安装图、系统图、施工说明以及标准大样图），消防设计图纸的设计必须由具备相应的设计资质的设计单位来进行。由建设单位将图纸和资料送建设主管部门审核，经审核批准后方可施工。

（2）全面收集施工验收规范及其他必要的技术文件，并认真组织施工团队熟悉、会审图纸，学习规范和有关文件，制定出一套切实可行的施工方案。做到熟悉工程内容、了解设计意图、明确施工要点。

（3）项目部技术负责人组织有关人员参加图纸自审、图纸会审、对工程的重要性、工期要求、质量要求等进行详细技术交底。

（4）会同施工人员熟悉图纸，及早发现施工中问题，向有关部门反映，使问题在施工前得到解决，以便顺利施工。

（5）施工前，工程管理人员应综合考虑相关专业设计，对消防管网系统的安装进行策划，以达到质量和观感预控。

（6）施工管理人员应与土建沟通，随主体施工做好消火栓箱及管道的预留洞工作。

除此以外，还有新材料、新设备、新技术、新工艺的试验以及施工人员技术培训等也是技术准备的重要内容。

1.2.2.2 编制施工组织设计

施工组织设计是指导施工的法规。开工前,必须编制完善施工组织设计,否则就不能开工。施工组织设计主要内容包括施工部署、施工方案、施工计划(进度计划、材料计划、人力计划等)、现场平面设计、安全技术措施等。

1.2.2.3 确定施工单位资质

从事消防设施施工的单位应当具有相应的资质等级,其资质等级由建设主管部门会同有关部门共同审定,发给消防工程施工企业资质证书。

1.2.2.4 收集设备材料技术资料

设备材料技术资料包括设备材料合格证、使用说明指导书等,例如:气体灭火系统及其主要组件的使用、维护说明书;容器阀、选择阀、单向阀,喷嘴和阀驱动装置等系统组件的产品出厂合格证和国家质量监督检验测试中心出具的检验报告;灭火剂输送管道及管道附件的出厂检验报告与合格证;系统中采用的不能复验的产品,以及生产厂出具的同批产品检验报告与合格证。

1.2.3 人员及各阶段劳动力准备

(1)持证上岗:施工管理人员,如施工员、质检员、材料员等,应做到持证上岗。对于特殊工种,如电工、焊工等特种技术工种,需持劳动部门颁发的有效证件上岗。

(2)根据施工方案的要求,把工程中各分项工程、分部工程逐级落实到工程管理人员和工程技术人员,做到各项工作责、权、利明确到位。

(3)明确项目组织机构职责:为确保工程顺利完工,项目部由具有丰富施工经验和组织指挥能力的人员组成,统一组织、管理、协调。下设各专业工种的技术、质检、安全、物资等部门,配合相关专业人员层层把关,全方位控制工程的进度计划、技术质量、安全检查和日常管理工作。根据各施工区域工作量的多少、总体施工进度的快慢,项目经理部随时调整充实各施工队伍的技术力量,保证施工进度和工程质量。

(4)选择参加过同类型工程建设的技术人员队伍参加工程施工。

(5)根据工期进度安排,编制各专业详细劳动力计划,做到调配合理,统筹兼顾,落实责任,提高生产效率,保障工程施工的基础力量。

1.2.4 施工劳动力的准备

结合施工阶段的安装项目工作总量,配备充足的专业技术工人,具体安排可参考表1-10所示。

表 1-10   按工种施工阶段投入劳动力情况

工种	预埋阶段	安装阶段（人）	调试阶段（人）	备　注
管工		2~4 人	2 人	
电工		3~5 人	3 人	
焊工	总包施工	2 人	1 人	实际人数：以各部施工需求具体而定
钳工		4 人	1 人	
普工		待定	待定	
……		……	……	
合计		11~15 人	7 人	

1.2.5 给排水专业劳动力的准备

施工期（管网安装阶段）：根据工程情况，具体安排施工班组数量，每组 3 人左右，分别负责各区的消火栓立管安装和水平管道安装。

施工高峰期（全面铺开、设备安装阶段）：根据工程设备安装数量和需求，具体安排施工班组数量，每组 3 人左右，负责消火栓灭火系统的安装。

施工后期（施工调试阶段）：调试阶段所需班组数量少于上两阶段，每组 2 人左右，负责消火栓系统的调试。

维修保养阶段：需 1 个班组左右，负责消火栓系统设备的维修保养。

1.2.6 电气专业劳动力的准备

施工期（布管穿线安装阶段）：根据工程情况，具体安排施工班组数量，每组 3 人左右，分别负责各层分区的报警管线安装及测试。

施工高峰期（全面铺开、设备安装阶段）：根据工程设备安装数量和需求，具体安排施工班组数量，每组 3 人左右，分别负责的设备安装、编码调试。

施工后期（施工调试阶段）：根据调试需求确定班组及人数，负责消防自动报警系统的联动调试及应急照明的测试。

维修保养阶段：需 1 个班组左右，分别负责进行消防报警系统和应急照明系统的维修保养。

1.2.7 暖通专业劳动力的准备

施工前期（施工准备阶段）：施工班组长对各施工人员进行技术交底（尤其是风管与其他各工种的标高），同时对前期预留尺寸等工作进行交接。

施工中期（管道施工安装阶段）：管道安装所需人数较多，可根据具体工程情况多设施工班组数和人数，负责设备吊装和安装，以保证安装质量。

施工高峰期（全面铺开、设备安装阶段）：设备安装所需人数较施工中期所需更多，根据工程设备安装数量和需求，增加施工班组数量，负责各层风机、风阀和风口的安装。

维修保养阶段：需 1 个班组，负责通风、防排烟系统的维修保养。

做好劳动力的进场教育。参加本工程安装施工的所有人员在进场前必须进行进场培训教育，内容包括安全、文明施工、现场各项规章制度等，并组织书面考试，考试合格方可进场。

1.2.8 机具和物料准备

1.2.8.1 施工机具及工程材料准备

（1）物资器具准备：材料、配件、订制品、机具和设备是保证施工顺利进行的物资基础，这些物资的准备工作必须在开工之前或单项工程施工之前完成。根据各种物资的需要量计划，分别落实货源，安排运输和储备，使其满足连续施工的要求。物资准备工作主要包括设备材料的准备，配件和制品的加工准备，安装机具的准备和生产工艺设备的准备。

（2）施工材料准备：主要根据施工预算进行分析，按照施工进度计划要求，按材料名称、规格、使用时间，以及材料储备额和消耗定额进行汇总，编制出材料需要量计划，为施工备料。确定仓库，为堆场面积、组织运输提供依据。工程使用材料种类多，从材料计划、货源选择、材料送批、订货、运输到验收检验，要做到三级审核，保证材料、设备规格、型号、性能的技术指标明确，数量准确。

（3）配件、制品的加工准备：根据工程预算提供的配件、制品的名称、规格、质量和消耗量，确定加工方案和供应渠道以及进场后的储存点和方式。编制出其需要量计划，为组织运输、确定堆场面积等提供依据。

（4）安装机具的准备：根据各系统的技术要求和合同进度要求，安排施工进度，确定施工机械的类型、数量和进场时间，确定施工机具的供应办法和进场后的存放地点和方式，编制建筑安装机具的需要量计划，为组织运输和确定堆场面积提供依据。

（5）生产工艺设备的准备：按照工程中生产工艺流程提出工艺设备的名称和型号、生产能力和需要量，确定分期分批进场时间和保管方式，编制工艺设备需要量计划。

（6）安装、调试施工机具准备：按照施工机具需要量计划，组织施工机具进场，将施工机具安置在总包方规定的地点和仓库。对于固定的机具要进行就位、接电源、保养、调试和安全检查等工作。对所有施工机具都必须在开工之前进行检查和试运转。

1.2.8.2 工程材料、设备的运输

消防工程材料所需要的设备种类较多，技术含量高，安装、调试要求严格。如运输不当，容易造成设备表面刮花，甚至严重的损坏。

（1）材料、机具的远程运送：材料（钢管、管件、导线）将根据本工程的进度，工程需求量及工地仓库面积的大小，采取分批由厂家或供应商点对点在工地交货。尽量避免多重周转引起破、损伤，错漏和运输成本增加。大型生产工具（滚槽机和套丝机）由项目经理统一集中、清点，逐一检测型号和核对数量，打包装车，送货到现场。

（2）系统设备和机柜的远程运送：大件设备，如机柜等，有特殊用途的、专业性强的，由厂家或供应商点对点送货，待工地现场条件成熟时候，由专业人员指导进行就位安装，以保证设备的完整性。保证资料设备附件的整齐、美观，开箱报验等工程手续齐全。

（3）材料、设备的现场运输：对长度超过 3m 或宽度大于楼梯 3/4 的物体，宜用两人扛抬方式，当运输工程有可能使墙体和材料、设备面划损时，需要用毛毯包裹后方可进行。

1.2.9　施工用临时设施准备

1.2.9.1　现场平面布置

消防工程施工现场应确保施工道路畅通，施工现场平面布置严格按照总施工方的要求进行；办公、技术交流场所服从统一安排。

1.2.9.2　现场施工临时用水、用电措施

（1）临时用水：施工期间的消防、生活、管道压力试验所需的用水主要是消防管道试验用水，可考虑用市政供水管。试压时用水量相对较大，为短暂性用水，不必专门设置，施工前应做好报备。

施工现场摆放手提式干粉灭火器，并由专人负责管理，除发生火警外，平时禁止使用，以免造成火警时失效。

（2）临时用电：工作、生活照明所需的用电均接自工地建筑的临时电源，安装电表进行计量。施工用电线路采用统一规格的三相五线绝缘电线绝缘子固定，平面采用分项沿建筑物架空敷设，其高度不低于 2.8m，竖向由电缆井内敷设每一层用绝缘子固定，接头处应绝缘良好，并应采取防水措施，严禁将电线平行敷设于管道上方或下方。

每层设一个照明、动力合一的装有漏电保护开关的临时配电箱，临时配电箱贴墙距地1.5m 处安装，以便于操作和维修，临时配电箱内的导线应绝缘良好、排列整齐、固定牢固。对经常移动的电动工具，照明、动力合一的配电箱，应分别设置刀闸或开关、插座。对专用设备，应采用一机一闸一漏一箱，箱内的各种电气设备动作灵活，接触可靠、良好。对于移动的电动工具，采用橡胶软线，当采用插座连接时，其插头、插座应无损伤、无架设，且绝缘良好。

架空线路终端，总配电盘及楼层配电箱的保护零线（PE 线）应作重复接地，接地电阻值不应大于 10Ω，接引至电气设备的工作零线与保护零线必须分开，保护零线上严禁装设开关或熔断器。

接引至移动电动工具或手持电动工具的保护零线必须采用钢芯软线，其截面积不小于相线的 1/3，且不能小于 1.5mm^2，用电设备的保护地线或保护零线应并联接地，严禁串联接地或接零线连接方式，采用焊接、压接、用栓连接或其他可靠方法连接，严禁缠绕或钩挂，确保其为全长完好的电气通路。

项目 2 火灾自动报警系统

◎ **知识目标**：掌握火灾自动报警系统组件的安装调试方法；熟悉火灾自动报警系统验收的要求。

◎ **能力目标**：能够正确选用火灾自动报警系统，以及报警控制器、探测器等设备，并能进行安装和调试；能对火灾自动报警系统进行验收。

◎ **素质目标**：培养学生认真负责的学习态度和严谨细致的作风。培养学生的团队合作精神；培养学生爱岗敬业、细心踏实、思维敏锐的职业精神。

◎ **思政目标**：火灾自动报警系统的安装调试及验收应合理规范，严格按照国家规范、设计要求进行，坚守职业道德底线。

任务 2.1 火灾自动报警系统的安装与要求

火灾自动报警系统是消防系统的重要组成部分，是人们为了及早发现和通报火灾，利用自动化手段实现早期火灾探测、火灾自动报警，从而能及时采取有效控制措施扑灭火灾而设置在建筑物中或其他场所的一种自动消防设施，是为人员疏散、防止火灾蔓延和启动自动灭火设备提供控制与指示的消防系统。

火灾自动报警系统由触发装置（手动报警按钮、探测器）、火灾报警装置（火灾报警控制器）、火灾警报装置（声光报警器）、联动控制装置（主要包括：自动灭火系统的控制装置、室内消火栓的控制装置、防烟排烟控制系统、空调通风系统的控制装置、防火门及防火卷帘的控制装置、电梯迫降装置、应急广播、消防通信设备、火灾应急照明及疏散指示标志的控制装置等）、电源组成，如图 2-1 所示。

2.1.1 消防电气线路敷设

2.1.1.1 系统布线要求

消防电气线路敷设不仅要求安全可靠，而且要求线路布局合理、美观、整齐、牢固。一般要求如下：

（1）材料检验。进入施工现场的管材、线槽、型钢、电缆桥架及其附件应有材质证明和合格证，并应检查质量、数量、型号规格是否符合设计和有关标准的要求，填写检查记录。钢管要求壁厚均匀、焊缝均匀，无劈裂和砂眼、棱刺，无凹扁现象。金属线槽和电

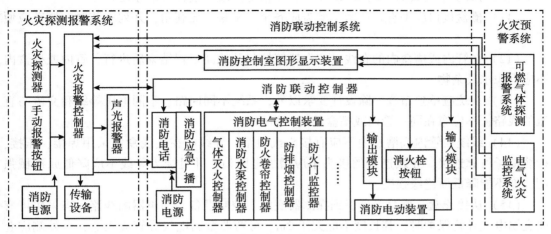

图 2-1 火灾自动报警系统组成

缆桥架及其附件，应采用经过镀锌处理的定形产品。线槽内外应光滑平整、无棱刺，不应有扭曲翘边等变形现象。

（2）导线检验。应依据设计施工图和有关现行国家规范的规定，对导线的种类、电压等级进行检查及检验。

（3）各类管路明敷时，应采用单独的卡具吊装或支撑物固定，吊杆直径不应小于 6mm。

（4）各类管路暗敷时，应敷设在不燃结构内，且保护层厚度不应小于 30mm。

（5）管路经过建筑物的沉降缝、伸缩缝、抗震缝等变形缝处，应采取补偿措施，线缆跨越变形缝的两侧应固定，并应留有适当余量。

（6）敷设在多尘或潮湿场所管路的管口和管路连接处时，均应做密封处理。

（7）符合下列条件时，管路应在便于接线处装设接线盒：

①管路长度每超过 30m 且无弯曲时；

②管路长度每超过 20m 且有 1 个弯曲时；

③管路长度每超过 10m 且有 2 个弯曲时；

④管路长度每超过 8m 且有 3 个弯曲时。

（8）金属管路入盒外侧应套锁母，内侧应装护口，在吊顶内敷设时，盒的内外侧均应套锁母。塑料管入盒应采取相应固定措施。

（9）槽盒敷设时，应在下列部位设置吊点或支点，吊杆直径不应小于 6mm：

①槽盒始端、终端及接头处；

②槽盒转角或分支处；

③直线段不大于 3m 处。

（10）线槽的直线段应每隔 1~1.5m 设置吊点或支点；同时，在以下部位也应设置吊点或设置固定支撑支点：线槽连接的接头处；距接线盒或接线箱 0.2m 处；转角、转弯和弯形缝两端及丁字接头的三端 0.5m 以内；线槽走向改变或者转角等处。

（11）槽盒接口应平直、严密，槽盖应齐全、平整、无翘角；并列安装时，槽盖应便于开启。

（12）在管内或槽盒内的布线，应在建筑抹灰及地面工程结束后进行，管内或槽盒内不应有积水及杂物。

（13）系统应单独布线，除设计要求以外，系统不同回路、不同电压等级和交流与直流的线路，不应布在同一管内或槽盒的同一槽孔内。

（14）线缆在管内或槽盒内不应有接头或扭结。导线应在接线盒内采用焊接、压接、接线端子可靠连接。导线连接的接头不应增加电阻值，并且受力导线不应降低原机械强度，亦不能降低原绝缘强度。

（15）从接线盒、槽盒等处引到探测器底座、控制设备、扬声器的线路，当采用可弯曲金属电气导管保护时，其长度不应大于 2m。可弯曲金属电气导管应入盒，盒外侧应套锁母，内侧应装护口。

（16）系统导线敷设结束后，应用 250V 或 500V 兆欧表测量每个回路导线对地的绝缘电阻，且绝缘电阻值不应小于 20MΩ，并做好参数测试记录。

（17）建筑物变形缝。管线经过建筑物的变形缝（包括沉降缝、伸缩缝以及抗震缝等）处，为避免建筑物伸缩沉降不均匀而损坏线管，线管和导线应采取补偿措施。补偿装置连接管的一端拧紧固定（或焊接固定），而另一端无须固定。当采用明配线管时，可以采用金属软管补偿。而导线跨越变形缝的两侧时应当固定，并留有适当余量。

（18）导线色别。火灾自动报警系统的传输线路应选择不同颜色的绝缘导线，探测器的正极"+"线是红色，负极"−"线应是蓝色或黑色，其余线应根据不同用途采用其他颜色区分。但是同一工程中相同用途的导线颜色应一致，接线端子应有标号。

（19）顶棚布线。在建筑物的顶棚内必须采用金属管或者金属线槽布线。

（20）在管内或线槽内的穿线，应在建筑抹灰和地面程结束后进行。在电线、电缆穿管前，应将管内或线槽内的积水和杂物清除干净。管口应有保护措施，不进入接线盒（箱）的垂直管口穿入电线、电缆后，管口应密封。

（21）穿管绝缘导线或电缆的总面积不应大于管内截面积的 30%，敷设于封闭式线槽内的绝缘导线或电缆的总面积不应超过线槽的净截面积的 40%。

（22）导线或电缆在接线盒、伸缩缝以及消防设备等处应留有足够的余量。

（23）金属的导管和线槽必须接地（PE）或者接零（PEN）。镀锌的钢导管、可挠型导管以及金属线槽不得熔焊跨接接地线，以专用接地卡跨接的两卡间连线为铜芯软导线，截面不小于 4mm²；金属线槽不作设备的接地导体，当设计没有要求时，金属线槽全长不少于 2 处与接地（PE）或接零（PEN）连接。

2.1.1.2　导线连接要求

导线接头的质量是导致传输线路故障和事故的主要因素之一，因此在布线时，应尽可能减少导线接头。布线的连接应满足表 2-1 所列要求。

表 2-1   导线连接要求

项　目	要　求
机械强度	导线接头的机械强度不应小于原导线机械强度的 80%。在导线的连接和分支处，应避免受机械力的作用
绝缘强度	导线连接处的绝缘强度必须良好，其绝缘性能至少应与原导线的绝缘强度一致。绝缘电阻低于标准值的，不允许投入使用
耐蚀性能	导线接头处应耐腐蚀性能良好，避免受外界腐蚀性气体的侵蚀
接触紧密	导线连接处应接触紧密，接头电阻应尽可能小，稳定性好，与同长度、同截面导线的电阻比值不应大于 1
布线接头	穿管导线和线槽布线中间不允许有接头，必要时可采用接线盒（如线管较长时）或分线盒、接线箱（如线路分支处）。导线应连接牢靠，不应出现松动、反圈等现象
连接方式	当无特殊规定时，导线的纤芯应采用焊接连接、压板压接和套管压接连接

2.1.2　控制与显示类设备的安装

控制和显示类设备包括火灾报警控制器、火灾报警控制器（联动型）、消防联动控制器、气体灭火控制器、消防电气控制装置、消防设备应急电源、消防应急广播设备、消防电话主机、消防控制室图形显示装置、传输设备、电气火灾监控设备等。

2.1.2.1　控制器类设备的安装

火灾报警控制器、可燃气体报警控制器、消防联动控制器等控制器类设备（以下称控制器）的安装应符合下列规定：

（1）在墙上安装时，其底边距地（楼）面高度宜为 1.3~1.5m，其靠近门轴的侧面距墙不应小于 0.5m，正面操作距离不应小于 1.2m；落地安装时，其底边宜高出地（楼）面 0.1~0.2m。

（2）控制器应安装牢固，不应倾斜；安装在轻质墙上时，应采取加固措施。

（3）引入控制器的电缆或导线，应符合下列要求：

①配线应整齐，不宜交叉，并应固定牢靠；

②电缆芯线和所配导线的端部，均应标明编号，并与图纸一致，字迹应清晰且不易褪色；

③端子板的每个接线端，接线不得超过 2 根；

④电缆芯和导线，应留有不小于 200mm 的余量；

⑤导线应绑扎成束；

⑥导线穿管、线槽后，应将管口、槽口封堵。

（4）控制器的主电源应有明显的永久性标志，并应直接与消防电源连接，严禁使用电源插头。控制器与其外接备用电源之间应直接连接。

（5）控制器的接地应牢固，并有明显的永久性标志。

2.1.2.2   消防电气控制装置的安装

消防电气控制装置用于对建筑消防给水设备、自动灭火设备、室内消火栓设备、防排烟设备、防火门窗、防火卷帘等各类自动消防设施的控制，具有控制受控设备执行预定动作、接收受控设备的反馈信号、监视受控设备状态、与上级监控设备进行信息通信、向使用人员发出声光提示信息等功能。

（1）消防电气控制装置在安装前，应进行功能检查，检查结果不合格的装置严禁安装。

（2）消防电气控制装置外接导线的端部应有明显的永久性标志。

（3）消防电气控制装置箱体内不同电压等级、不同电流类别的端子应分开布置，且应有明显的永久性标志。

（4）消防电气控制装置应安装牢固，不应倾斜；安装在轻质墙上时，应采取加固措施。

2.1.2.3   消防设备应急电源的安装

消防设备应急电源是以蓄电池为能源的应急电源，包括交流输出的消防设备应急电源和直流输出的消防设备应急电源，其主要功能是在主电源发生故障时，为各类消防设备供电。消防设备应急电源的安装应符合以下要求：

（1）消防设备应急电源的电池应安装在通风良好的地方。当安装在密封环境中时，应有通风装置。

（2）酸性电池不得安装在带有碱性介质的场所，碱性电池不得安装在带酸性介质的场所。

（3）消防设备应急电源不应安装在靠近带有可燃气体的管道、仓库、操作间等场所。

（4）单相供电额定功率大于 30kW、三相供电额定功率大于 120kW 的消防设备应安装独立的消防应急电源。

2.1.2.4   消防应急广播设备的安装

当有火警或其他灾害与突发性事件发生时，消防应急广播通过中心指挥系统将有关指令或事先准备播放的内容，及时、准确地广播出去。消防应急广播的设置，应符合下列规定：

（1）民用建筑内扬声器应设置在走道和大厅等公共场所。

（2）每个扬声器的额定功率不应小于 3W，其数量应能保证从一个防火分区内的任何部位到最近一个扬声器的直线距离不大于 25m，走道末端距最近的扬声器距离不应大于12.5m；在环境噪声大于 60dB 的场所设置的扬声器，在其播放范围内最远点的播放声压级应高于背景噪声 15dB；客房设置专用扬声器时，其功率不宜小于 1W。

（3）壁挂扬声器的底边距地面高度应大于 2.2m。

2.1.2.5   区域显示器（火灾显示盘）的安装

火灾显示盘是一种可用于楼层或独立防火分区内的火灾报警显示装置。当建筑物内发生火灾后，消防控制中心的控制器产生报警，同时把报警信号传输到失火区域的火灾显示盘上，火灾显示盘将产生报警的探测器编号及相关信息显示出来，并发出报警声响，以通知失火区域的人员。火灾显示盘的设置，应符合下列规定：

（1）每个报警区域宜设置一台区域显示器（火灾显示盘）；宾馆、饭店等场所应在每个报警区域设置一台区域显示器。

（2）当一个报警区域包括多个楼层时，宜在每个楼层设置一台仅显示本楼层的区域显示器。

（3）区域显示器应设置在出入口等明显和便于操作的部位。当安装在墙上时，其底边距地面高度宜为 1.3~1.5m。

火灾显示盘的安装与接线通常包括三个部分：固定底座、连线、固定火灾显示盘。将墙内接线盒里引出的导线及火灾显示盘上的连线如图 2-2 所示，分别按照拔插端子旁端子标签的标注接在拔插端子上。

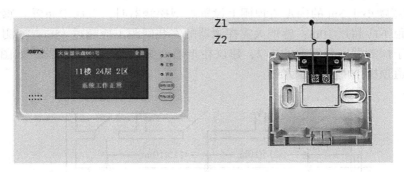

图 2-2 火灾显示盘接线图

2.1.3 探测器的安装

火灾探测器是指用来响应其附近区域由火灾产生的物理和（或）化学现象的探测器件，其火灾参数有烟雾、温度、火焰、燃烧气体等。探测器在调试后方可安装，若提前安装，易在别的工种施工时被破坏；施工现场未完工，灰尘及水汽易使探测器误报或损坏。在安装前应妥善保管探测器，避免由于保管不善，造成探测器使用时不合格。

2.1.3.1 点型感烟、感温火灾探测器的安装

探测器底座上有 4 个导体片，片上带接线端子，底座上不设定位卡，便于调整探测器报警确认灯的方向。布线管内的探测器总线分别接在任意对角的两个接线端子上（不分极性），另一对导体片用来辅助固定探测器。待底座安装牢固后，将探测器底部对正底座顺时针旋转，即可将探测器安装在底座上。探测器的底座应安装牢固，与导线连接必须可靠压接或焊接。当采用焊接时，不应使用带腐蚀性的助焊剂。

探测器底座的连接导线，应留有不小于 150mm 的余量，且在其端部应有明显的永久性标志。探测器底座的穿线孔宜封堵，安装完毕的探测器底座应采取保护措施。探测器接线示意图如图 2-3 所示。

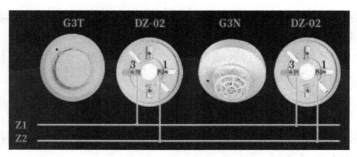

图 2-3　探测器接线示意图

点型感烟、感温火灾探测器的设置应符合下列规定：

（1）探测区域内的每个房间内至少设置一只火灾探测器。

（2）在宽度小于 3m 的内走道顶棚上设置点型探测器时，宜居中布置。感温火灾探测器的安装间距不应超过 10m；感烟火灾探测器的安装间距不应超过 15m；探测器至端墙的距离不应大于探测器安装间距的 1/2，建议在走道交汇处装一只探测器。如图 2-4 所示为探测器在走道顶棚上的安装示意图。

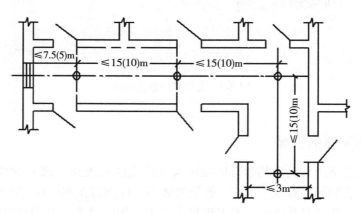

图 2-4　探测器在走道顶棚上的安装示意图

（3）点型探测器至墙壁、梁边的水平距离，不应小于 0.5m。

（4）点型探测器周围 0.5m 内不应有遮挡物。

（5）房间被书架、设备或隔断等分隔，其顶部至顶棚或梁的距离小于房间净高的 5% 时，每个被隔开的部分应至少安装一只点型探测器。如图 2-5 所示为房间有书架、设备时探测器设置示意图。

（6）点型探测器至空调送风口边的水平距离不应小于 1.5m，并宜接近回风口安装。探测器至多孔送风顶棚孔口的水平距离不应小于 0.5m。具体安装示意图如图 2-6 所示。

（7）点型探测器宜水平安装。当房顶坡度 $\theta \leqslant 45°$ 时，探测器可以直接安装在屋顶板面上。当房顶坡度 $\theta > 45°$ 时，探测器应加支架，水平安装。顶棚倾斜时探测器安装示意图如图 2-7 所示。

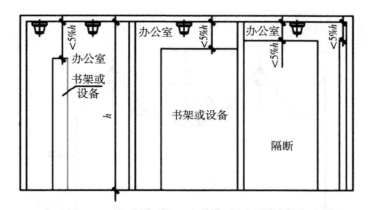

图 2-5　房间有书架、设备时探测器设置示意图

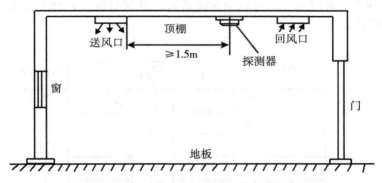

图 2-6　探测器至空调送风口的水平距离

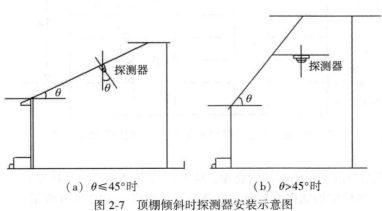

（a）θ≤45°时　　　　　（b）θ>45°时

图 2-7　顶棚倾斜时探测器安装示意图

（8）对于锯齿形屋顶，当 $\theta>15°$ 时，应在每个锯齿屋脊下安装一排探测器，如图 2-8 所示。

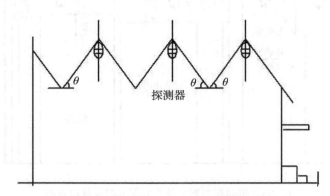

图 2-8 锯齿形屋顶（$\theta>15°$）探测器安装要求

（9）在电梯井、升降机井设置点型探测器时，其安装位置宜在井道上方的机房顶棚上，如图 2-9 所示。

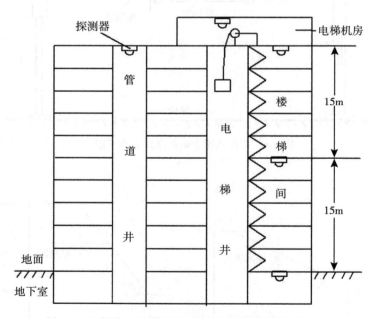

图 2-9 电梯井、升降机井设置点型探测器位置示意图

（10）在无吊顶的大型桁架结构仓库，应采用管架将探测器悬挂安装，下垂高度应按实际需要选取。当使用烟感探测器时，应该加装集烟罩。如图 2-10 所示。

（11）探测器确认灯应安装于面向便于人员观测的主要入口方向，如图 2-11 所示。

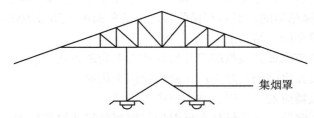

图 2-10 桁架结构仓库探测器安装要求

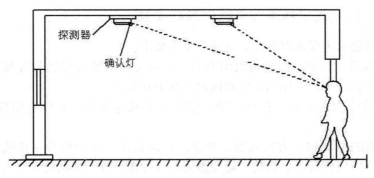

图 2-11 探测器确认灯安装方向要求

2.1.3.2 线型光束感烟火灾探测器的安装

（1）安装步骤：首先安装发射器，然后测量接收器安装位置，再安装接收器。

①固定底盘：首先按照安装孔尺寸在墙上安装膨胀螺栓，旋下底座上的旋钮，使底座的调节板与底盘分开，并妥善保管好旋钮与弹簧，然后将线从探测器进线孔穿入，若线管预埋，则从底座预埋线进线孔穿线；若线管明装，则从底座明线进线孔穿线。然后，再将探测器底盘固定在墙壁上。

②安装调节板：将弹簧放回底盘，将调节板底部的小定位柱对准底盘定位槽位置，旋好旋钮。

③安装发射器：将发射器底部两个定位爪对准调节板缺口位置，插入到底座上，顺时针旋紧即可。

④测量接收器安装位置：将接收器的 1、3 接线端子接 DC24V 电源线，接通接收器和发射器电源，在与发射器相对处于同一水平面的位置上移动接收器，直到接收器的红色指示灯和黄色指示灯均熄灭或黄色指示灯点亮，记下此位置，即为接收器应固定的位置。

⑤安装接收器：安装前，首先应在上述测量位置处安装膨胀螺栓，重复上述步骤即可安装接收器。

（2）线型光束感烟火灾探测器的安装应符合下列要求：

①探测器的光束轴线至顶棚的垂直距离宜为 0.3~1m，距地高度不宜超过 20m。

②相邻两组探测器的水平距离不应大于 14m，探测器至侧墙水平距离不应大于 7m，且不应小于 0.5m，探测器的发射器和接收器之间的距离不宜超过 100m。

③探测器应设置在固定结构上。

④探测器的设置应保证其接收端避开日光和人工光源直接照射。

⑤发射器和接收器之间的光路上应无遮挡物或干扰源。

⑥发射器和接收器应安装牢固，并不应产生位移。

⑦选择反射式探测器时，应保证在反射板与探测器间任何部位进行模拟试验时，探测器均能正确响应。

2.1.3.3 缆式线型感温火灾探测器的安装

缆式线型感温火灾探测器的安装应符合下列要求：

（1）根据设计文件和产品使用说明书的要求确定探测器的安装位置及敷设方式及采样孔设置；探测器应采用专用固定装置固定在保护对象上。

（2）采样管应固定牢固，在有过梁、空间支架的建筑中，采样管路应固定在过梁、空间支架上。

（3）应采用连续无接头方式安装，如确需中间接线，必须用专用接线盒连接；探测器安装敷设时不应硬性折弯、扭转，避免重力挤压冲击，探测器的弯曲半径宜大于 0.2m。

（4）在电缆桥架、变压器等设备上安装时，宜采用接触式布置；在各种皮带输送装置上敷设时，宜敷设在装置的过热点附近。

（5）敷设在顶棚下方的线型感温火灾探测器至顶棚距离宜为 0.1m，探测器的保护半径应符合点型感温火灾探测器的保护半径要求；探测器至墙壁距离宜为 1~1.5m。

2.1.3.4 管路采样式吸气感烟火灾探测器的安装

管路采样式吸气感烟火灾探测器的安装应符合下列要求：

（1）非高灵敏型探测器的采样管网安装高度不应超过 16m；高灵敏型探测器的采样管网安装高度可超过 16m；采样管网安装高度超过 16m 时，灵敏度可调的探测器应设置为高灵敏度，且应减小采样管长度和采样孔数量。

（2）探测器的每个采样孔的保护面积、保护半径应符合点型感烟火灾探测器的保护面积、保护半径的要求。

（3）一个探测单元的采样管总长不宜超过 200m，单管长度不宜超过 100m，同一根采样管不应穿越防火分区。采样孔总数不宜超过 100 个，单管上的采样孔数量不宜超过 25 个。

（4）当采样管道采用毛细管布置方式时，毛细管长度不宜超过 4m。

（5）吸气管路和采样孔应有明显的火灾探测器标识。

（6）有过梁、空间支架的建筑中，采样管路应固定在过梁、空间支架上。

（7）当采样管道布置形式为垂直采样时，每 2℃ 温差间隔或 3m 间隔（取最小者）应设置一个采样孔，采样孔不应背对气流方向。

（8）探测器的火灾报警信号、故障信号等信息应传给火灾报警控制器，涉及消防联动控制时，探测器的火灾报警信号还应传给消防联动控制器。

2.1.3.5 点型火焰探测器和图像型火灾探测器的安装

点型火焰探测器和图像型火灾探测器的安装应符合下列要求：

（1）安装位置应保证其视场角覆盖探测区域，并应避免光源直接照射在探测器的探测窗口。

（2）探测器的探测视角内不应存在遮挡物；

（3）在室外或交通隧道场所安装时，应采取防尘、防水措施。

2.1.3.6 可燃气体探测器的安装

可燃气体探测器的安装应符合下列要求：

（1）安装位置应根据探测气体密度确定。若其密度小于空气密度，探测器应位于可能出现泄漏点的上方，或探测气体的最高可能聚集点上方；若其密度大于或等于空气密度，探测器应位于可能出现泄漏点的下方。

（2）在探测器周围应适当留出更换和标定的空间。

（3）在有防爆要求的场所，应按防爆要求施工。

（4）安装时，应使发射器和接收器的窗口避免日光直射，且在发射器与接收器之间不应有遮挡物，两组探测器之间的距离不应大于 14m。

2.1.3.7 电气火灾监控探测器的安装

电气火灾监控探测器的安装应符合下列要求：

（1）探测器周围应适当留出更换与标定的作业空间。

（2）剩余电流式电气火灾监控探测器负载侧的中性线不应与其他回路共用，且不应重复接地。

（3）测温式电气火灾监控探测器应采用产品配套的固定装置固定在保护对象上。

2.1.4 系统其他部件的安装

2.1.4.1 手动火灾报警按钮的安装

手动火灾报警按钮是手动触发的报警装置，一般安装在公共场所，当人工确认发生火灾后，按下报警按钮上的有机玻璃片，即可向控制器发出报警信号。手动火灾报警按钮内置单片机，内含 EEPROM 用于存储地址码、设备类型等信息，具有完成报警检测及与控制器通信的功能。报警按钮采用按压报警方式，通过机械结构进行自锁，可减少人为误触发现象。

手动火灾报警按钮的安装应符合以下要求：

（1）每个防火分区应至少设置一只手动火灾报警按钮。从一个防火分区内的任何位置到最邻近的手动火灾报警按钮的步行距离不应大于 30m。

（2）手动火灾报警按钮宜设置在疏散通道或出入口处。列车上设置的手动火灾报警按钮，应设置在每节车厢的出入口和中间部位。

（3）手动火灾报警按钮应设置在明显和便于操作的部位。当安装在墙上时，其底边距地高度宜为 1.3~1.5m，且应有明显的标志。

（4）手动火灾报警按钮的连接导线应留有不小于 150mm 的余量，且在其端部应有明显标志。

安装前，应首先检查外壳是否完好无损，标识是否齐全。只需拔下报警按钮，从底壳的进线孔中穿入电缆，并接在相应端子上，再插好报警按钮，即可安装好报警按钮，安装孔距为 60mm，手动火灾报警按钮接线如图 2-12 所示。

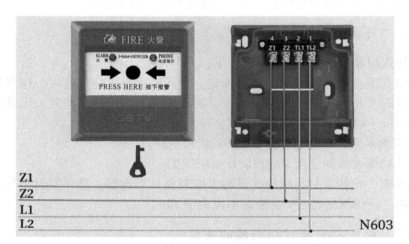

图 2-12　手动火灾报警按钮接线示意图

2.1.4.2　消火栓报警按钮的安装

消火栓报警按钮是用于向消防联动控制器或消火栓水泵控制器发送动作信号并启动消防水泵一种辅助器件。消火栓报警按钮的安装应符合以下要求：

（1）编码型消火栓报警按钮，可直接接入控制器总线，占一个地址编码。

（2）墙上安装，底边距地 1.3~1.5m，距消火栓箱 200mm 处。

（3）安装牢固并不得倾斜。

（4）外接导线留有 ≥15cm 的余量。消火栓报警按钮应安装在消火栓箱外 200m 处。具有 DC24V 有源输出和现场设备无源回答输入，采用二总线制与设备连接。报警按钮上的有机玻璃片在按下后可用专用工具复位。外形尺寸及结构与手动报警按钮相同，安装方法也相同。

消火栓报警按钮接线示意图如图 2-13 所示。

2.1.4.3　火灾警报装置的安装

火灾自动报警系统均应设置火灾警报装置，并在发生火灾时发出警报，其主要目的是在发生火灾时对人员发出警报，警示人员及时疏散。

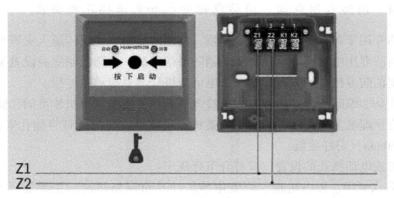

图 2-13　消火栓报警按钮接线示意图

火灾警报装置的安装应符合以下要求：

（1）火灾声光警报器应设置在每个楼层的楼梯口、消防电梯前室、建筑内部拐角等处的明显部位，且不宜与安全出口指示标志灯具设置在同一面墙上。

（2）火灾警报器设置在墙上时，其底边距地面高度应大于 2.2m。

（3）安装应牢固可靠，表面不应有破损。

（4）应安装在安全出口附近明显处，距地面 1.8m 以上。声光警报器与消防应急疏散指示标志不宜在同一面墙上，安装在同一面墙上时，距离应大于 1m。

（5）宜在报警区域内均匀安装。

声光警报器可分为非编码性和编码性。非编码型可直接由有源 24V 常开触头进行控制，如手动火灾报警按钮的输出触头控制。编码型可直接接入报警控制器的信号二总线。

安装声光警报器前，应首先检查外壳是否完好无损，标识是否齐全。报警器底壳与警报器之间采用插接方式。安装时为明装，可采用 86H50 菱形标准预埋盒，接线示意图如图 2-14 所示。安装时，应注意底壳方向。

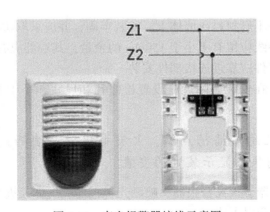

图 2-14　声光报警器接线示意图

2.1.4.4　消防专用电话、消防电话分机和电话插孔的安装

消防电话专用于各保护区域的重要部位，与消防控制室之间传递火灾等突发事件有关语音信息。消防专用电话网络应为独立的消防通信系统。消防控制室应设置消防专用电话总机。多线制消防专用电话系统中的每个电话分机应与总机单独连接。

电话插孔是非编码设备，需通过接口接入系统，手提电话分机才可插孔使用。电话插孔采用进线管预埋装方式，取下插孔红色盖板，用螺钉或自攻螺钉将插孔安在预埋盒上，安装孔距为 60mm，安好盖板。

电话分机或电话插孔的设置，应符合下列规定：

（1）消防水泵房、发电机房、配变电室、计算机网络机房、主要通风和空调机房、防排烟机房、灭火控制系统操作装置处或控制室、企业消防站、消防值班室、总调度室、消防电梯机房，以及其他与消防联动控制有关且经常有人值班的机房，均应设置消防专用电话分机消防专用电话分机应固定安装在明显且便于使用的部位，并应有区别于普通电话的标识。

（2）设有手动火灾报警按钮或消火栓按钮等处，宜设置电话插孔，并宜选择带有电话插孔的手动火灾报警按钮。

（3）各避难层应每隔 20m 设置一个消防专用电话分机或电话插孔。

（4）电话插孔在墙上安装时，其底边距地面高度宜为 1.3~1.5m。

（5）消防控制室、消防值班室或企业消防站等处，应设置可直接报警的外线电话。

（6）电话插孔不应设置在消火栓箱内。

2.1.4.5　模块或模块箱的安装

消防联动模块是用于消防联动控制器与其所连接的受控设备之间信号传输、转换的一种辅助器件。模块或模块箱的安装应符合下列规定：

（1）同一报警区域内的模块宜集中安装在金属箱内，不应安装在配电柜、箱或控制柜、箱内。

（2）应独立安装在不燃材料或墙体上，安装牢固，并应采取防潮、防腐蚀等措施。

（3）模块的连接导线应留有不小于 150mm 的余量，其端部应有明显的永久性标识。

（4）模块的终端部件应靠近连接部件安装。

（5）隐蔽安装时，在安装处附近应设置检修孔和尺寸不小于 100mm×100mm 的永久性标识。

2.1.4.6　消防应急广播扬声器、火灾警报器、喷洒光警报器、气体灭火系统手动与自动控制状态显示装置的安装

消防应急广播扬声器、火灾警报器、喷洒光警报器、气体灭火系统手动与自动控制状态显示装置的安装应符合以下要求：

（1）扬声器和火灾声警报装置宜在报警区域内均匀安装，扬声器在走道内安装时，

距走道末端的距离不应大于 12.5m。

（2）火灾光警报装置应安装在楼梯口、消防电梯前室、建筑内部拐角等处的明显部位，且不宜与消防应急疏散指示标志灯具安装在同一面墙上，确需安装在同一面墙上时，距离不应小于 1m。

（3）气体灭火系统手动与自动控制状态显示装置应安装在防护区域内的明显部位，喷洒光警报器应安装在防护区域外，且应安装在出口门的上方。

（4）采用壁挂方式安装时，底边距地面高度应大于 2.2m。

（5）应安装牢固，表面不应有破损。

2.1.4.7　消防设备应急电源和备用电源蓄电池的安装

消防设备应急电源和备用电源蓄电池的安装应符合以下要求：

（1）应安装在通风良好的场所，当安装在密封环境中时，应有通风措施，电池安装场所的环境温度不应超出电池标称的工作温度范围。

（2）不应安装在火灾爆炸危险场所。

（3）酸性电池不应安装在带有碱性介质的场所，碱性电池不应安装在带有酸性介质的场所。

2.1.4.8　防火门监控模块与电动闭门器、释放器、门磁开关等现场部件的安装

防火门监控模块与电动闭门器、释放器、门磁开关等现场部件的安装应符合以下要求：

（1）防火门监控模块至电动闭门器、释放器、门磁开关等现场部件之间连接线的长度不应大于 3m。

（2）防火门监控模块、电动闭门器、释放器、门磁开关等现场部件应安装牢固；

（3）门磁开关的安装不应破坏门扇与门框之间的密闭性。

2.1.4.9　总线短路隔离器的安装

总线短路隔离器的工作原理为：当隔离器输出所连接的电路发生短路故障时，隔离器内部电路中的自复熔丝断开，同时内部电路中的继电器吸合，将隔离器输出所连接的电路完全断开。总线短路故障修复后，继电器释放，自复熔丝恢复导通，隔离器输出所连接的电路重新纳入系统。

系统总线上应设置总线短路隔离器，每只总线短路隔离器保护的火灾探测器、手动火灾报警按钮和模块等消防设备的总数不应超过 32 点；总线穿越防火分区时，应在穿越处设置总线短路隔离器。

总线隔离器的外形及底座如图 2-15 所示。

总线短路隔离器的端子示意图如图 2-16 所示。Z1、Z2 表示输入信号总线无极性，ZO1、ZO2 表示输出信号总线无极性。安装孔用于固定底壳，两安装孔中心距为 60mm。底壳安装时要求箭头向上。安装时，按照隔离器的铭牌，将总线接在底壳对应的端子上，把隔离器插入底壳即可。

图 2-15　GST-LD-8313 隔离器外形及底座

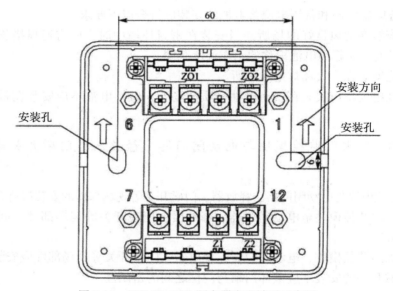

图 2-16　GST-LD-8313 隔离器底座端子示意图

实际应用总线隔离器时，将其接入总线中即完成了安装。如图 2-17 所示。

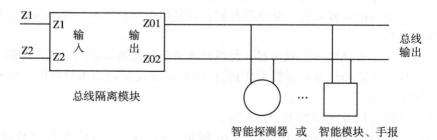

图 2-17　总线隔离器应用示意图

2.1.5　消防控制室的施工要求

具有消防联动功能的火灾自动报警系统的保护对象中应设置消防控制室。消防控制室是建筑消防系统的信息中心、控制中心、日常运行管理中心和各自动消防系统运行状态监视中心，也是建筑发生火灾和日常火灾演练时的应急指挥中心；在有城市远程监控系统的地区，消防控制室还是建筑与监控中心的接口，可见其地位是十分重要的。每个建筑使用性质和功能各不相同，其包括的消防控制设备也不尽相同。消防控制室应具备集中控制、显示和管理建筑内的所有消防设施，包括火灾报警和其他联动控制装置的状态信息的功能，并能将状态信息通过网络或电话传输到城市建筑消防设施远程监控中心。消防控制室内设置的消防设备应包括火灾报警控制器、消防联动控制器、消防控制室图形显示装置、消防专用电话总机、消防应急广播控制装置、消防应急照明和疏散指示系统控制装置、消防电源监控器等设备或具有相应功能的组合设备。

消防控制室送、回风管的穿墙处应设防火阀。消防控制室内严禁穿过与消防设施无关的电气线路及管路，且消防控制室不应设置在电磁场干扰较强及其他影响消防控制室设备工作的设备用房附近。

集中火灾报警控制器或火灾报警控制器等在消防控制室或值班室内的布置，应符合下列要求：

（1）设备面盘前操作距离，单列布置时不应小于 1.5m，双列布置时不应小于 2m。

（2）在值班人员经常工作的一面，设备面盘至墙的距离不应小于 3m。

（3）设备面盘的排列长度大于 4m 时，其两端应设置宽度不小于 1m 的通道。

（4）设备面盘后的维修距离不宜小于 1m。

（5）集中火灾报警控制器安装在墙上时，其底边距地高度为 1.3~1.5m，靠近其门轴的侧面距墙不应小于 0.5m，正面操作距离不应小于 1.2m。

2.1.6　系统接地要求

2.1.6.1　接地种类

为了确保设备的可靠运行以及人身、设备的安全，电力设备应该接地。接地，就是把设备的某一部分通过接地装置和大地相连接。其中，将设备正常工作时不带电的金属部分先和低压电网的中性线相连接，并利用中性线的接地部分与大地连成一体，这也是一种接地的形式。

按接地的作用，可分为工作接地、保护接地、重复接地、防雷接地以及防静电接地等。

（1）工作接地。在正常工作或者事故的运行情况下，为确保电气设备可靠地运行，把电气设备的某一部分进行接地，叫作工作接地。例如：电力变压器中性点的接地，某些通信设备和广播设备的正极接地，共用电视接收天线用户网络的接地以及电子计算机的工作接地等，都属于这一类接地。

（2）保护接地。电气设备的金属外壳，因为绝缘损坏有可能带电，为避免这种电压危及人身安全而设置的接地，称为保护接地。

（3）重复接地。变压器中性线的接地，通常在变电所内作接地装置。在其他场合，有时把中性线再次与地连接，叫作重复接地。当电网中发生绝缘损坏使设备外壳带电时，重复接地能够降低中性线的对地电压；当中性线发生断线故障时，重复接地能够使危害的程度减轻。

（4）防雷接地。其作用是把接闪器引入的雷电流引入地中；把线路上传入的雷电流通过避雷器或放电间隙引入地中。此外，防雷接地还可以将雷云静电感应产生的静电感应电荷引入地中，以防止产生过电压。

（5）防静电接地。静电主要由不同物质相互摩擦而产生，静电所导致的危害是多方面的，最主要的危害是由于静电电压引起火花放电，导致易爆易燃，建筑物爆炸或起火。接地是消除静电危害的最有效、最简单的措施。

2.1.6.2 接地要求

交流供电和 36V 以上直流供电的消防用电设备的金属外壳应有接地保护，其接地线应与电气保护接地干线（PE）相连接。

接地装置施工完毕后，应按规定测量接地电阻，并做好记录，接地电阻值应符合设计文件要求。

消防控制室通常应根据设计要求设置专用接地装置作为工作接地（是指消防控制设备信号地域逻辑地）。当采用独立工作接地时，电阻不应大于 4Ω；当采用联合接地时，接地电阻不应大于 1Ω。

火灾自动报警及联动系统应设置专用接地干线（或等电位连接干线），由消防控制室穿管后引至接地体或者总等电位连接端子板。

控制室引到接地体的接地干线应采用一根截面不小于 $16mm^2$ 的铜芯软质绝缘导线或者单芯电缆，穿入保护管之后，两端分别压接在控制设备工作接地板和室外接地体上。

消防控制室的工作接地板引到各消防控制设备和火灾报警控制器的工作接地线应采用截面积不小于 $4mm^2$ 的铜芯绝缘线，穿入保护管之后，构成一个零电位的接地网络，以确保火灾报警设备的工作稳定可靠。

接地装置在施工过程中，分不同阶段，应做电气接地装置隐检、接地电阻遥测以及平面示意图质量检查等记录。

2.1.6.3 消防控制室（中心）的系统接地

当消防控制室内火灾自动报警系统采用专用接地装置时，其接地电阻值应不大于 4Ω，采用共用接地装置时，接地电阻值应不大于 1Ω。

火灾自动报警系统应设置专用的接地干线，并且应在消防控制室设置专用接地板。为了提高可靠性和尽量减少接地电阻，专用接地干线由消防控制室专用接地板用线芯截面面积不小于 $25mm^2$ 的铜芯绝缘导线穿钢管或者硬质塑料管埋设至接地体。由消防控制室专用接地板引到各消防设备的专用接地线采用线芯截面积不小于 $4mm^2$ 铜芯绝缘导线。

交流供电和 36V 以上直流供电的消防用电设备的金属外壳及金属支架应有接地保护，其接地线应与电气保护接地干线（PE）相连接。

设计中采用共用接地装置时，应注意接地干线的引入段不能采用扁钢或者裸铜排等，以防止接地干线同防雷接地、钢筋混凝土墙等直接接触，影响消防电子设备的接地效果。接地干线应由接地板引到建筑最底层地下室的钢筋混凝土柱基础作共用接地点，而不能从消防控制室上直接焊钢筋引出。

任务2.2　火灾自动报警系统调试及验收

2.2.1　火灾自动报警系统的调试

为了保证新安装的火灾自动报警系统能安全可靠地投入运行，使其性能达到设计要求，在系统施工结束后和投入运行前，要进行一系列的调整试验。系统调试应包括系统部件功能调试和分系统的联动控制功能调试。火灾自动报警系统的调试，应在系统施工结束后进行。

2.2.1.1　调试准备

火灾自动报警系统调试前，应具备系统图、设备布置平面图、接线图、安装图以及消防设备联动逻辑说明等必要的技术文件及调试必需的其他文件。调试单位在调试前应编制调试程序，并应按照调试程序工作。调试负责人必须由专业技术人员担任。

设备的规格、型号、数量、备品备件等应按设计要求查验。系统的施工质量应按要求进行检查，对施工中出现的问题，应会同有关单位协商解决，并应有文字记录。系统线路应按要求检查，对于错线、开路、虚焊、短路、绝缘电阻小于 $20M\Omega$ 等问题，应采取相应的处理措施。

对系统中的火灾报警控制器、可燃气体报警控制器、消防联动控制器、气体灭火控制器、消防电气控制装置、消防设备应急电源、消防应急广播设备、消防电话、传输设备、消防控制中心图形显示装置、消防电动装置、防火卷帘控制器、区域显示器（火灾显示盘）、消防应急灯具控制装置、火灾警报装置等设备，应分别进行单机通电检查。

2.2.1.2　火灾报警控制器调试

调试前，应切断火灾报警控制器的所有外部控制连线，并将任一个总线回路的火灾探测器以及该总线回路上的手动火灾报警按钮等部件连接后，方可接通电源。

按现行国家标准《火灾报警控制器》（GB 4717—2005）的有关要求，采用观察、仪表测量等方法逐个对控制器进行下列功能检查并记录，并应符合下列要求：

（1）检查自检功能和操作级别。

（2）使控制器与探测器之间的连线断路和短路，控制器应在 100s 内发出故障信号（短路时发出火灾报警信号除外）；在故障状态下，使任一非故障部位的探测器发出火灾报警信号，控制器应在 1min 内发出火灾报警信号，并应记录火灾报警时间；再使其他探测器发出火灾报警信号，检查控制器的再次报警功能。

（3）检查消音和复位功能。

（4）使控制器与备用电源之间的连线断路和短路，控制器应在 100s 内发出故障信号。

（5）检查屏蔽功能。

（6）使总线隔离器保护范围内的任一点短路，检查总线隔离器的隔离保护功能。

（7）使任一总线回路上不少于 10 只的火灾探测器同时处于火灾报警状态，检查控制器的负载功能。

（8）检查主、备电源的自动转换功能，并在备电工作状态下重复（7）检查工作。

（9）检查控制器特有的其他功能。

（10）依次将其他回路与火灾报警控制器相连接，重复检查。

2.2.1.3　点型感烟、感温火灾探测器调试

采用专用的检测仪器或模拟火灾的方法，逐个检查每只火灾探测器的报警功能，探测器应能发出火灾报警信号。

对于不可恢复的火灾探测器，应采取模拟报警方法逐个检查其报警功能，探测器应能发出火灾报警信号。当有备品时，可抽样检查其报警功能。

2.2.1.4　线型感温火灾探测器调试

在不可恢复的探测器上模拟火警和故障，逐个检查每只火灾探测器的火灾报警和故障报警功能，探探测器应能分别发出火灾报警和故障信号。

可恢复的探测器可采用专用检测仪器或模拟火灾的办法，使其发出火灾报警信号，并在终端盒上模拟故障，逐个检查每只火灾探测器的火灾报警和故障报警功能，探测器应能分别发出火灾报警和故障信号。

2.2.1.5　红外光束感烟火灾探测器调试

红外光束感烟火灾探测器调试步骤如下：

（1）逐一调整探测器的光路调节装置，使探测器处于正常监视状态。

（2）用减光率为 0.9dB 的减光片遮挡光路，探测器不应发出火灾报警信号。

（3）用产品生产企业设定减光率（1.0~10.0dB）的减光片遮挡光路，探测器应发出火灾报警信号。

（4）用减光率为 11.5dB 的减光片遮挡光路，探测器应发出故障信号或火灾报警信号。

（5）选择反射式探测器时，在探测器正前方 0.5m 处按上述要求进行检查，探测器应正确响应。

2.2.1.6　通过管路采样的吸气式火灾探测器调试

逐一在采样管最末端（最不利处）采样孔加入试验烟，采用秒表测量探测器的报警

响应时间，探测器或其控制装置应在 120s 内发出火灾报警信号。

根据产品说明书，改变探测器的采样管路气流，使探测器处于故障状态，采用秒表测量探测器的报警响应时间，探测器或其控制装置应在 100s 内发出故障信号。

2.2.1.7　点型火焰探测器和图像型火灾探测器调试

采用专用检测仪器或模拟火灾的方法逐一在探测器监视区域内最不利处检查探测器的报警功能，探测器应能正确响应。

2.2.1.8　手动火灾报警按钮调试

对可恢复的手动火灾报警按钮，应施加适当的推力，使报警按钮动作，报警按钮应发出火灾报警信号。

对不可恢复的手动火灾报警按钮，应采用模拟动作的方法，使报警按钮发出火灾报警信号（当有备用启动零件时，可抽样进行动作试验），报警按钮应发出火灾报警信号。

2.2.1.9　消防联动控制器调试

消防联动控制器是消防联动控制设备的核心组件。它通过接收火灾报警控制器发出的火灾报警信息，按预设逻辑对自动消防设备实现联动控制和状态监视。

消防联动控制器调试时，应在接通电源前按以下顺序做好准备工作：

（1）应将消防联动控制器与火灾报警控制器连接。

（2）应将任一备调回路的输入/输出模块与消防联动控制器连接。

（3）应将备调回路的模块与其控制的受控设备连接；应切断各受控现场设备的控制连线。

（4）应接通电源，使消防联动控制器处于正常监视状态。

具体操作步骤如下：

（1）按现行国家标准《消防联动控制系统》（GB 16806—2006）的有关规定，检查消防联动控制系统内各类用电设备的各项控制、接收反馈信号（可模拟现场设备启动信号）和显示功能。

（2）使消防联动控制器分别处于自动工作和手动工作状态，检查其状态显示，并按现行国家标准《消防联动控制系统》（GB 16806—2006）的有关规定，进行下列功能检查并记录，控制器应满足相应要求：

①自检功能和操作级别；

②消防联动控制器与各模块之间的连线断路和短路时，消防联动控制器能在 100s 内发出故障信号；

③消防联动控制器与备用电源之间的连线断路和短路时，消防联动控制器应能在 100s 内发出故障信号；

④检查消音、复位功能；

⑤检查屏蔽功能；

⑥使总线隔离器保护范围内的任一点短路，检查总线隔离器的隔离保护功能；

⑦使至少50个输入/输出模块同时处于动作状态（模块总数少于50个时，使所有模块动作），检查消防联动控制器的最大负载功能；

⑧检查主、备电源的自动转换功能，并在备电工作状态下重复⑦检查工作。

（3）接通所有启动后可以恢复的受控现场设备。

（4）使消防联动控制器的工作状态处于自动状态，按现行国家标准《消防联动控制系统》（GB 16806—2006）的有关规定和设计的联动逻辑关系，进行下列功能检查并记录：

①按设计的联动逻辑关系，使相应的火灾探测器发出火灾报警信号，检查消防联动控制器接收火灾报警信号情况、发出联动信号情况、模块动作情况、受控设备的动作情况、受控现场设备动作情况、接收反馈信号（对于启动后不能恢复的受控现场设备，可模拟现场设备启动反馈信号）及各种显示情况；

②检查手动插入优先功能。

（5）使消防联动控制器的工作状态处于手动状态，按现行国家标准《消防联动控制系统》（GB 16806—2006）的有关规定和设计的联动逻辑关系，依次手动启动相应的受控设备，检查消防联动控制器发出联动信号情况、模块动作情况、受控设备的动作情况、受控现场设备动作情况、接收反馈信号（对于启动后不能恢复的受控现场设备，可模拟现场设备启动反馈信号）及各种显示情况。

（6）对于直接用火灾探测器作为触发器件的自动灭火控制系统，除符合本节有关规定外，尚应按现行国家标准《火灾自动报警系统设计规范》（GB 50116—2013）规定进行功能检查。

（7）依次将其他回路的输入/输出模块及该回路模块控制的受控设备相连接，切断所有受控现场设备的控制连线，接通电源，重复（3）～（7）各项检查工作。

2.2.1.10　区域显示器（火灾显示盘）调试

将区域显示器（火灾显示盘）与火灾报警控制器相连接，按现行国家标准《火灾显示盘》（GB 17429—2011）的有关要求检查其下列功能并记录，区域显示器应满足相应要求：

（1）区域显示器（火灾显示盘）应在3s内正确接收和显示火灾报警控制器发出的火灾报警信号；

（2）检查消音、复位功能；

（3）检查操作级别；

（4）对于非火灾报警控制器供电的区域显示器（火灾显示盘），应检查主、备电源的自动转换功能和故障报警功能。

2.2.1.11　可燃气体报警控制器调试

（1）切断可燃气体报警控制器的所有外部控制连线，将任一回路与控制器相连接后，接通电源。

（2）控制器应按现行国家标准《可燃气体报警控制器》（GB 16808—2008）的有关

要求进行下列功能试验，并应满足相应要求：

①检查自检功能和操作级别；

②控制器与探测器之间的连线断路和短路时，控制器应在 100s 内发出故障信号；

③在故障状态下，使任一非故障探测器发出报警信号，控制器应在 1min 内发出报警信号，并应记录报警时间；再使其他探测器发出报警信号，检查控制器的再次报警功能；

④检查消音和复位功能；

⑤控制器与备用电源之间的连线断路和短路时，控制器应在 100s 内发出故障信号；

⑥检查高限报警或低、高两段报警功能；

⑦检查报警设定值的显示功能；

⑧控制器最大负载功能，使至少 4 只可燃气体探测器同时处于报警状态（探测器总数少于 4 只时，使所有探测器均处于报警状态）；

⑨主、备电源的自动转换功能，并在备电工作状态下重复⑧检查工作。

2.2.1.12　可燃气体探测器调试

应对可燃气体探测器的可燃气体报警功能、复位功能进行检查并记录，探测器的可燃气体报警功能、复位功能应符合下列规定：

（1）依次逐个将可燃气体探测器按产品生产企业提供的调试方法使其正常动作，探测器应发出报警信号。

（2）对探测器施加达到响应浓度值的可燃气体标准样气，探测器应在 30s 内响应。

（3）撤去可燃气体，探测器应在 60s 内恢复到正常监视状态。

（4）对于线型可燃气体探测器，除符合本节规定外，尚应将发射器发出的光全部遮挡，探测器相应的控制装置应在 100s 内发出故障信号。

2.2.1.13　消防电话调试

在消防控制室与所有消防电话、电话插孔之间互相呼叫与通话，总机应能显示每部分机或电话插孔的位置，呼叫铃声和通话语音应清晰。消防控制室的外线电话与另外一部外线电话模拟报警电话通话，应语音清晰。检查群呼、录音等功能，各项功能均应符合要求。

使消防电话总机与消防电话分插孔间的连接线断线、短路，消防电话主机应在 100s 内发出故障信号，并显示出故障部位（短路时显示通话状态除外）。此外，故障期间，非故障消防电话分机应能与消防电话总机正常通话。

2.2.1.14　消防应急广播设备调试

以手动方式在消防控制室对所有广播分区进行选区广播，对所有共用扬声器进行强行切换；应急广播应以最大功率输出。对扩音机和备用扩音机进行全负荷试验，应急广播的语音应清晰。对接入联动系统的消防应急广播设备系统，使其处于自动工作状态，然后按设计的逻辑关系，检查应急广播的工作情况，系统应按设计的逻辑广播。使任意一个扬声器断路，其他扬声器的工作状态不应受影响。

2.2.1.15　火灾声光警报器

逐一将火灾声光警报器与火灾报警控制器相连，接通电源。操作火灾报警控制器使火灾声光警报器启动，采用仪表测量其声压级，非住宅内使用室内型和室外型火灾声警报器的声信号至少在一个方向上 3m 处的声压级应不小于 75dB，且在任意方向上 3m 处的声压级应不大于 120dB。

具有两种及以上不同音调的火灾声警报器，其每种音调应有明显区别。火灾光警报器的光信号在 100~500lx 环境光线下，25m 处应清晰可见。

2.2.1.16　消防控制室图形显示装置的调试

将消防控制室图形显示装置与火灾报警控制器和消防联动控制器相连，接通电源。按国家标准《消防联动控制系统》（GB 16806—2006）的有关要求，采用观察、仪表测量等方法逐个对消防控制室图形显示装置进行下列功能的检查并记录：

（1）操作显示装置使其显示建筑总平面布局图、各层平面图和系统图，图中应明确标示出报警区域、疏散路线、主要部位，显示各消防设备（设施）的名称、物理位置和状态信息；

（2）使消防控制室图形显示装置与控制器及其他消防设备（设施）之间的通信线路断路、短路，消防控制室图形显示装置应在 100s 内发出故障信号；

（3）检查消音和复位功能；

（4）使火灾报警控制器和消防联动控制器分别发出火灾报警信号和联动控制信号，显示装置应在 3s 内接收，并准确显示相应信号的物理位置，且能优先显示与火灾报警信号相对应的界面；

（5）使具有多个报警平面图的显示装置处于多报警平面显示状态，各报警平面应能自动和手动查询，并应有总数显示，且应能手动插入使其立即显示首火警相应的报警平面图；

（6）使火灾报警控制器和消防联动控制器分别发出故障信号，消防控制室图形显示装置应能在 100s 内显示故障状态信息，然后输入火灾报警信号，显示装置应能立即转入火灾报警平面的显示；

（7）检查消防控制室图形显示装置的信息记录功能；

（8）检查消防控制室图形显示装置的信息传输功能。

2.2.1.17　系统备用电源调试

按照设计文件的要求核对系统中各种控制装置使用的备用电源容量，电源容量应与设计容量相符。

使各备用电源放电终止，再充电 48h 后断开设备主电源，备用电源至少应保证设备工作 8h，且应满足相应的标准及设计要求。

切断应急电源应急输出时，直接启动设备的连线，接通应急电源的主用电源。采用仪表测量、观察等方法检查应急电源的控制功能和转换功能，检查其输入电压、输出电压、输出电流、主电工作状态、应急工作状态、电池组及各单节电池电压的显示情况，并做好记录，显示情况应与产品使用说明书的规定相符。

2.2.1.18 消防设备应急电源调试

消防设备应急电源调试步骤如下：

（1）切断应急电源应急输出时，直接启动设备的连线，接通应急电源的主电源。按下述要求检查应急电源的控制功能和转换功能，并观察其输入电压、输出电压、输出电流、主电工作状态、应急工作状态、电池组及各单节电池电压的显示情况，做好记录，显示情况应与产品使用说明书规定相符，并满足要求：

①手动启动应急电源输出，应急电源的主电和备用电源应不能同时输出，且应在 5s 内完成应急转换；

②手动停止应急电源的输出，应急电源应恢复到启动前的工作状态；

③断开应急电源的主电源，应急电源应能发出声提示信号，声信号应能手动消除；接通主电源，应急电源应恢复到主电工作状态；

④给具有联动自动控制功能的应急电源输入联动启动信号，应急电源应在 5s 内转入到应急工作状态，且主电源和备用电源应不能同时输出；输入联动停止信号，应急电源应恢复到主电工作状态；

⑤具有手动和自动控制功能的应急电源处于自动控制状态，然后手动插入操作，应急电源应有手动插入优先功能，且应有自动控制状态和手动控制状态指示。

（2）断开应急电源的负载，按下列要求检查应急电源的保护功能，并做好记录：

①使任一输出回路保护动作，其他回路输出电压应正常；

②使配接三相交流负载输出的应急电源的三相负载回路中的任一相停止输出，应急电源应能自动停止该回路的其他两相输出，并应发出声、光故障信号；

③使配接单相交流负载的交流三相输出应急电源输出的任一相停止输出，其他两相应能正常工作，并应发出声、光故障信号。

（3）将应急电源接上等效于满负载的模拟负载，使其处于应急工作状态，应急工作时间应大于设计应急工作时间的 1.5 倍，且不小于产品标称的应急工作时间。

（4）使应急电源充电回路与电池之间、电池与电池之间连线断线，应急电源应在 100s 内发出声、光故障信号，声故障信号应能手动消除。

2.2.1.19 系统整体联动控制功能调试

按设计文件的规定将所有分部调试合格的系统部件、受控设备或系统相连接并通电运行，在连续运行 120h 无故障后，使消防联动控制器处于自动控制工作状态。

根据系统联动控制逻辑设计文件的规定，对火灾警报、消防应急广播系统、用于防火分隔的防火卷帘系统、防火门监控系统、防烟排烟系统、消防应急照明和疏散指示系统、电梯和非消防电源等自动消防系统的整体联动控制功能进行检查并记录，系统整体联动控制功能应符合下列规定：

（1）应使报警区域内符合火灾警报、消防应急广播系统、防火卷帘系统、防火门监控系统、防烟排烟系统、消防应急照明和疏散指示系统、电梯和非消防电源等相关系统联动触发条件的火灾探测器、手动火灾报警按钮发出火灾报警信号。

（2）消防联动控制器应发出控制火灾警报、消防应急广播系统、防火卷帘系统、防火门监控系统、防烟排烟系统、消防应急照明和疏散指示系统，以及电梯和非消防电源等相关系统动作的启动信号，点亮启动指示灯。

2.2.2　火灾自动报警系统的验收

火灾自动报警系统竣工后，建设单位应负责组织施工、设计、监理等单位进行验收。验收不合格，不得投入使用。火灾自动报警系统验收是对系统施工质量的全面检查，也是交付使用前必须完成的工作之一。

系统中各装置的安装位置、施工质量和功能等的验收数量应满足以下要求：

（1）各类消防用电设备主、备电源的自动转换装置，应进行 3 次转换试验，每次试验均应正常。

（2）火灾报警控制器（含可燃气体报警控制器）和消防联动控制器应按实际安装数量全部进行功能检验。消防联动控制系统中其他各种用电设备、区域显示器应按下列要求进行功能检验：

①实际安装数量在 5 台以下者，全部检验；

②实际安装数量在 6~10 台者，抽验 5 台；

③实际安装数量超过 10 台者，按实际安装数量 30%~50% 的比例抽验，但抽验总数应不少于 5 台；

④各装置的安装位置、型号、数量、类别及安装质量应符合设计要求。

（3）火灾探测器（含可燃气体探测器）和手动火灾报警按钮，应按下列要求进行模拟火灾响应（可燃气体报警）和故障信号检验：

①实际安装数量在 100 只以下者，抽验 20 只（每个回路都应抽验）；

②实际安装数量超过 100 只者，每个回路按实际安装数量 10%~20% 的比例进行抽验，但抽验总数应不少于 20 只；

③被检查的火灾探测器的类别、型号、适用场所、安装高度、保护半径、保护面积和探测器的间距等均应符合设计要求。

（4）室内消火栓的功能验收应在出水压力符合现行国家有关建筑设计防火规范的条件下，抽验下列控制功能：

①在消防控制室内操作启、停泵 1~3 次；

②消火栓处操作启泵按钮，按实际安装数量 5%~10% 的比例抽验。

（5）自动喷水灭火系统，应在符合现行国家标准《自动喷水灭火系统设计规范》（GB 50084—2017）的条件下，抽验下列控制功能：

①在消防控制室内操作启、停泵 1~3 次；

②水流指示器、信号阀等按实际安装数量的 30%~50% 的比例抽验；

③压力开关、电动阀、电磁阀等按实际安装数量全部进行检验。

（6）气体、泡沫、干粉等灭火系统，应在符合国家现行有关系统设计规范的条件下按实际安装数量的 20%~30% 的比例抽验下列控制功能：

①自动、手动启动和紧急切断试验 1~3 次；

②与固定灭火设备联动控制的其他设备动作（包括关闭防火门窗、停止空调风机、关闭防火阀等）试验 1~3 次。

（7）电动防火门、防火卷帘，5 樘以下的，应全部检验；超过 5 樘的，应按实际安装数量的 20% 的比例抽验，但抽验总数不应小于 5 樘，并抽验联动控制功能。

（8）防烟排烟风机应全部检验，通风空调和防排烟设备的阀门，应按实际安装数量的 10%~20% 的比例抽验，并抽验联动功能，且应符合下列要求：

①报警联动启动、消防控制室直接启停、现场手动启动联动防烟排烟风机 1~3 次；

②报警联动停、消防控制室远程停通风空调送风 1~3 次；

③报警联动开启、消防控制室开启、现场手动开启防排烟阀门 1~3 次。

（9）消防电梯应进行 1~2 次手动控制和联动控制功能检验，非消防电梯应进行 1~2 次联动返回首层功能检验，其控制功能、信号均应正常。

（10）火灾应急广播设备，应按实际安装数量的 10%~20% 的比例进行下列功能检验：

①对所有广播分区进行选区广播，对共用扬声器进行强行切换；

②对扩音机和备用扩音机进行全负荷试验；

③检查应急广播的逻辑工作和联动功能。

（11）消防专用电话的检验，应符合下列要求：

①消防控制室与所设的对讲电话分机进行 1~3 次通话试验；

②电话插孔按实际安装数量的 10%~20% 的比例进行通话试验；

③消防控制室的外线电话与另一部外线电话模拟报警电话进行 1~3 次通话试验。

（12）火灾应急照明和疏散指示控制装置应进行 1~3 次使系统转入应急状态检验，系统中各消防应急照明灯具均应能转入应急状态。

系统工程质量验收评定标准应符合下列要求：

①系统内的设备及配件规格型号与设计不符、无国家相关证书和检验报告的，系统内的任一控制器和火灾探测器无法发出报警信号，无法实现要求的联动功能的，定为 A 类不合格；

②验收前提供资料不符合要求的定为 B 类不合格；

③除 A、B 类不合格外，其余不合格项均为 C 类不合格；

④系统验收合格评定为：A = 0，B ≤ 2，且 B+C ≤ 检查项的 5% 为合格，否则为不合格。

项目 3 消防给水及消火栓系统

◎ **知识目标**：认识供水设施的组成，掌握供水设施的施工要求；认识消火栓系统的组成，掌握室内外消火栓系统的安装要求；掌握消防给水及消火栓系统的试压与冲洗的要求；掌握消火栓系统的调试、验收要求。

◎ **能力目标**：能正确选用供水设施组件，能进行消防水池、消防水箱、消防水泵、消防水泵接合器、消防给水管网的安装；能正确选用消火栓系统的组件，能进行室内及室外消火栓系统及附件安装；能进行消防给水及消火栓系统的试压与冲洗；能进行消火栓系统的调试，正常开展消火栓系统的验收工作。

◎ **素质目标**：坚定拥护中国共产党领导和我国社会主义制度，崇尚宪法、遵法守纪、崇德向善、诚实守信、尊重生命、热爱劳动；培养学生动手脑并用的良好学习习惯，养成认真负责的学习态度和严谨细致的作风。培养学生的团队合作精神；培养学生爱岗敬业、细心踏实、思维敏锐的职业精神。

◎ **思政目标**：课程教学中把马克思主义立场观点方法的教育与科学精神的培养相结合，提高学生正确认识问题、分析问题和解决问题的能力；注重强化学生实践伦理教育，培养学生精益求精的大国工匠精神，激发学生科技报国的家国情怀和使命担当。

水是一种最常用的天然灭火剂。水在灭火中具有高效、经济、获取方便、使用简单的特点，水在消防灭火中获得了广泛的应用。水灭火的作用主要有冷却作用、窒息作用、对水溶性可燃液体的稀释作用、冲击乳化作用以及水力冲击作用等。建筑消防给水系统是指为建筑消火栓给水系统、自动喷水灭火系统等水灭火系统提供可靠的消防用水的供水系统。消火栓系统是扑救、控制建筑物初起火灾的最为有效的灭火设施，是应用最为广泛、用量最大的水灭火系统。

任务 3.1 供水设施的安装与施工

3.1.1 消防水源与消防水箱的施工要求

3.1.1.1 消防水源的施工要求

消防水源是向水灭火设施、车载或手抬等移动消防水泵、固定消防水泵、消防水池等提供消防用水的给水设施或天然水源。消防水源是系统的重要组成部分，也是系统灭火的基本保证。

消防给水系统的水源应无污染、无腐蚀、无悬浮物，水的 pH 值应为 6.0~9.0。给水水源的水质不应堵塞消火栓、报警阀、喷头等消防设施，不影响其运行。通常，消防给水系统的水质基本上要达到生活水质的要求，消防水源的水量应充足、可靠。系统的持续作用时间是由火灾延续时间确定的。

可用作消防水源的有：市政给水、消防水池、天然水源（包括自然湖泊、水库、水井等）。

1. 市政给水

（1）市政给水管网可以连续供水。

（2）用作两路消防供水的市政给水管网应符合下列规定：①市政给水厂至少有两条输水干管向市政给水管网输水；②市政给水管网布置成环状管网；③应至少从两条不同的市政给水干管上采用不少于两条引入管向消防给水系统供水。当其中一条发生故障时，其余引入管应仍能保证全部消防用水量。若达不到以上描述的市政两路消防供水条件时，则应视为一路消防供水。

（3）给水管网的进水管管径及供水能力应满足设计要求。消防水泵直接从市政管网吸水时，应测试市政供水的压力和流量能否满足设计要求的流量。

2. 天然水源

（1）当天然水源作为消防水源时，其水位、水量、水质等应符合设计要求。应根据有效水文资料检查验证天然水源枯水期最低水位、常水位和洪水位时消防流量应符合设计要求。

（2）天然水源设计枯水流量保证率宜为 90%~97%。看是否有条件采取防止冰凌、漂浮物、悬浮物等物质堵塞消防设施的技术措施。

（3）天然水源应当具备在枯水位也能确保消防车、固定和移动消防水泵取水的技术条件；若要求消防车能够到达取水口，则还需要设置满足消防车到达取水口的消防车道和消防车回车场或回车道。

（4）天然水源取水口的水位、出水量、有效容积、安装位置应符合设计要求。

（5）天然水源取水口应符合现行国家标准《给水排水构筑物工程施工及验收规范》（GB 50141—2008）、《管井技术规范》（GB 50296—2014）和《建筑给水排水及采暖工程施工质量验收规范》（GB 50242—2002）的有关规定。

3. 消防水池

（1）消防水池有效容积、水位和水位测量装置等应符合设计要求，高位消防水池设置高度应符合设计要求。只有在能可靠补水的情况下（两路进水），才可减去持续灭火时间内的补水容积。

（2）供消防车取水的消防水池应设取水口（井），并应有相应保护措施。

（3）在与生活或其他用水合用时，消防水池应有确保消防用水不被挪作他用的技术措施。

（4）消防水池的施工和安装，应符合现行国家标准《给水排水构筑物工程施工及验收规范》（GB 50141—2008）、《建筑给水排水及采暖工程施工质量验收规范》（GB 50242—2002）的有关规定。

（5）消防水池应设置在便于维护、通风良好、不结冰、不受污染的场所。在严寒、寒冷的场所，消防水箱应采取保温措施或在水箱间设置采暖措施（室内温度高于5℃）。

（6）消防水池的外壁与建筑本体结构墙面或其他池壁之间的净距，应满足施工、装配和检修的需要。无管道的侧面，净距不宜小于0.7m；有管道的侧面，净距不宜小于1m，且管道外壁与建筑本体墙面之间的通道宽度不宜小于0.6m；设有人孔的池顶，顶板面与上面建筑本体板底的净空不应小于0.8m。

（7）进出水管、溢流管、排水管等应符合设计要求，且溢流管应采用间接排水。

（8）管道、阀门和进水浮球阀等应便于检修，人孔和爬梯位置应设置合理。

（9）消防水池吸水井、吸（出）水管喇叭口等设置位置应符合设计要求。

（10）钢筋混凝土制作的消防水池进出水等管道应加设防水套管，钢板等制作的消防水池的进出水等管道宜采用法兰连接。对有振动的管道，应加设柔性接头。组合式消防水池或消防水箱的进水管、出水管接头宜采用法兰连接，采用其他连接时，应做防锈处理。

（11）消防水池的溢流管、泄水管不应与生产或生活用水的排水系统直接相连，应采用间接排水方式。

（12）消防水池出水管或水泵吸水管应满足最低有效水位出水不掺气的技术要求。

3.1.1.2　消防水箱的施工、安装要求

1. 消防水箱

（1）消防水箱的水位、出水量、有效容积、安装位置（设置高度）应符合设计要求；消防储水应有不作他用的技术措施。

（2）消防水箱的施工和安装，应符合现行国家标准《给水排水构筑物工程施工及验收规范》（GB 50141—2008）、《建筑给水排水及采暖工程施工质量验收规范》（GB 50242—2002）的有关规定。

（3）消防水箱应设置在便于维护、通风良好、不结冰、不受污染的场所。在寒冷的场所，消防水箱应采取保温措施或在水箱间设置采暖措施（室内温度高于5℃）。

（4）消防水箱的外壁与建筑本体结构墙面或其他池壁之间的净距，应满足施工、装配和检修的需要。无管道的侧面，净距不宜小于0.7m；有管道的侧面，净距不宜小于1m，且管道外壁与建筑本体墙面之间的通道宽度不宜小于0.6m；设有人孔的池顶，顶板面与上面建筑本体板底的净空不应小于0.8m。

（5）消防水箱采用钢筋混凝土时，在消防水箱的内部应贴白瓷砖或喷涂瓷釉涂料。

采用其他材料时，消防水箱宜设置支墩，支墩的高度不宜小于 600mm，以便于管道、附件的安装和检修。在选择材料时，除了考虑强度、造价、材料的自重、不易产生藻类外，还应考虑消防水箱的耐腐蚀性（耐久性）。

（6）钢筋混凝土制作的消防水箱的进出水等管道应加设防水套管，钢板等制作的消防水池和消防水箱的进出水等管道宜采用法兰连接。对有振动的管道，应加设柔性接头。组合式消防水池或消防水箱的进水管、出水管接头，宜采用法兰连接。采用其他连接时，应做防锈处理。

（7）消防水箱的溢流管、泄水管不应与生产或生活用水的排水系统直接相连，应采用间接排水方式。

（8）消防水箱出水管或水泵吸水管应满足最低有效水位出水不掺气的技术要求。

（9）管道、阀门和进水浮球阀等应便于检修，人孔和爬梯位置应合理。

2. 消防水箱材料

适合做水箱的材料有许多种，最常见的材料有碳素钢、不锈钢、钢筋混凝土、玻璃钢、搪瓷钢板等材料，它们的优缺点如下：

（1）碳素钢板焊接而成的钢板水箱，内表面需进行防腐处理，并且防腐材料不得有碍卫生要求。

（2）钢筋混凝土现场灌注的水箱，重量大，施工周期长，与配管边接处易漏水，清洗时表面材料易脱落。

（3）搪瓷钢板水箱（图 3-1），水质不易受污染，能防止钢板锈蚀，安装方便迅速，不受土建进度的限制，结构合理，坚固美观，不变形不漏水，适用性广。

（4）玻璃钢水箱（图 3-2），不受建筑空间限制，适应性强，重量轻，无锈蚀，不渗漏，外形美观，使用寿命短，保温性能好，安全可靠，安装方便，清洗维修简单。

（5）不锈钢水箱（图 3-3），坚固，不污染水质，耐腐蚀，不漏水，清洗方便，重量轻，不滋生藻类，容易保温，美观，施工方便，但价格高。

图 3-1　搪瓷钢板水箱　　　　图 3-2　玻璃钢水箱　　　　图 3-3　不锈钢水箱

在不锈钢材料的选择中，需要注意市政给水中氯离子对材料的影响。玻璃钢水箱受紫外线照射时强度有变化，橡胶垫片易老化、漏水，故在消防水箱中不推荐使用。

3.1.2 消防水泵的安装及消防水泵房施工要求

3.1.2.1 消防水泵的安装要求

1. 消防水泵的安装

（1）安装前，要对消防水泵进行手动盘车，检查其灵活性。除小型管道泵可以将水泵直接安装在管道上而不做基础外，大多数水泵的安装需要设置混凝土基础。水泵安装前，应对土建施工的基础进行复查验收，水泵基础应符合相应水泵产品样本中水泵安装基础图的要求。基础需要检查设备基础的位置、尺寸、高度及地脚螺孔位置和尺寸，这些应符合设计规定。设备基础表面要平整光滑，并清除地脚螺栓预留孔内的杂物。

（2）水泵的减振措施。当有减振要求时，水泵应配有减振设施，将水泵安装在减振台座上。减振台座是在水泵的底座下增设槽钢框架或混凝土板，框架或混凝土板通过地脚螺栓与基础紧固，减振台座下使用减振装置。常用的减振设施有橡胶隔振垫（图 3-4）、橡胶剪切减振器、阻尼弹簧减振器（图 3-5）等。

图 3-4 橡胶隔振垫   图 3-5 阻尼弹簧减振器

（3）水泵安装方式。水泵安装有整体安装和分体安装两种方式。水泵安装得好坏，对水泵的运行和寿命有重要影响。

①分体水泵的安装。泵在装配前，应首先检查零件主要装配尺寸及影响装配的缺陷，清洗零件后方可进行装配。分体水泵安装时，应先安装水泵再安装电动机。水泵吊装可用吊车或三脚架和倒链滑车，钢丝绳系在泵体吊环上。水泵就位后找正找平，使水泵高度、水平及中心位置符合设计要求。小型水泵的找正，一般用水平尺放在水泵轴上测量轴向水平，放在水泵进（出）口垂直法兰面上测量径向水平。大型水泵则采用水准仪和吊线法找正，然后进行泵体固定，最后安装电动机，使电动机联轴器与水泵联轴器对接，使水泵轴中心线与电动机轴中心线在同一水平线上。

②水泵的整体安装。整体安装时，首先清除泵座底面上的油腻和污垢，将水泵吊装放置在水泵基础上；通过调整水泵底座与基础之间的垫铁厚度，使水泵底座找正找平；然后对水泵的轴线、进出水口中心线进行检查和调整；最后进行泵体固定，水泵基础强度达到设计要求后，找平泵座并拧紧地脚螺栓螺母（图 3-6）。

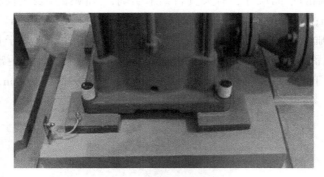

图 3-6 水泵地脚螺栓固定

③消防水泵相邻两个机组及机组至墙面之间的最小间距应符合表 3-1 的规定。

表 3-1 消防水泵相邻两个机组及机组至墙面之间的最小间距

电机额定功率（kW）	消防水泵相邻两个机组及机组至墙面之间的最小间距（m）
<22	0.6
≥22~55	0.8
≥55~255	1.2
>255	1.5

注：水泵侧面有管道时，外轮廓面计至管道外壁。

除了以上机组间距要求外，泵房主要人行通道宽度不应小于 1.2m，电气控制柜前通道宽度不宜小于 1.5m，如图 3-7 所示。

图 3-7 消防水泵机组外轮廓面与墙和相邻机组间及过道的间距示意图

④水泵机组基础的平面尺寸，有关资料如未明确，无隔振安装应较水泵机组底座四周各宽出 100~150mm；有隔振安装应较水泵隔振台座四周各宽出 150mm。

⑤水泵机组基础的顶面标高，无隔振安装时应高出泵房地面不小于 0.10m；有隔振安装时可高出泵房地面不小于 0.05m。泵房内管道管外底距地面的距离，当管径 DN ≤ 150mm 时，不应小于 0.20m；当管径 DN ≥ 200 mm 时，不应小于 0.25m，如图 3-8 所示。

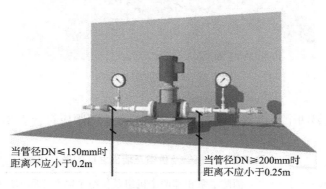

当管径DN≤150mm时
距离不应小于0.2m

当管径DN≥200mm时
距离不应小于0.25m

图 3-8　泵房内管道管外底距地面的距离示意图

⑥水泵吸水管水平段偏心大小头应采用管顶平接，避免产生气囊和漏气现象，如图 3-9所示即典型安装错误。

图 3-9　典型安装错误（水泵吸水管水平段偏心大小头装反了）

（4）消防水泵吸水管上的控制阀应在消防水泵固定于基础上后再进行安装，其直径不应小于消防水泵吸水口直径，且不应采用没有可靠锁定装置的控制阀，控制阀应采用沟槽式或法兰式阀门。

（5）当消防水泵和消防水池位于独立的两个基础上，且相互为刚性连接时，吸水管上应加设柔性连接管。

（6）消防水泵出水管上应安装消声止回阀、控制阀和压力表；系统的总出水管上还应安装压力表和压力开关；安装压力表时，应加设缓冲装置。压力表和缓冲装置之间应安装旋塞；压力表量程在没有设计要求时，应为系统工作压力的 2~2.5 倍。

2. 消防水泵控制柜的安装

（1）控制柜的基座其水平度误差不超过±2mm，并应做防腐处理及防水措施。

（2）控制柜与基座采用不小于 ϕ12mm 的螺栓固定，每个柜不应少于 4 只螺栓。

（3）做控制柜的上下进出线口时，不应破坏控制柜的防护等级。消防水泵控制柜位于消防水泵控制室内时，其防护等级不应低于 IP30；位于消防水泵房内时，其防护等级不应低于 IP55。

（4）消防水泵控制柜应采取防止被水淹没的措施。在高温潮湿环境下，消防水泵控制柜内应设置自动防潮除湿的装置。

3.1.2.2　消防水泵房施工要求

1. 消防水泵房的施工

（1）消防水泵房应设置起重设施，并应符合下列规定：

①消防水泵的重量小于 0.5t 时，宜设置固定吊钩或移动吊架；

②消防水泵的重量为 0.5~3t 时，宜设置手动起重设备；

③消防水泵的重量大于 3t 时，应设置电动起重设备。

（2）消防水泵房内的架空水管道，不应阻碍通道和跨越电气设备，当必须跨越时，应采取保证通道畅通和保护电气设备的措施。

（3）消防水泵房应至少有一个可以搬运最大设备的门。

（4）消防水泵房的设计应根据具体情况设计相应的采暖、通风和排水设施，并应符合下列规定：

①严寒、寒冷等冬季结冰地区采暖温度不应低于 10℃，但当无人值守时不应低于 5℃；

②消防水泵房的通风宜按 6 次/h 设计；

③消防水泵房应设置排水设施。

（5）消防水泵不宜设在有防振或有安静要求房间的上一层、下一层和毗邻位置，必要时应采取下列降噪减振措施：

①消防水泵应采用低噪声水泵；

②消防水泵机组应设隔振装置；

③消防水泵吸水管和出水管上应设隔振装置；

④消防水泵房内管道支架和管道穿墙和穿楼板处，应采取防止固体传声的措施；

⑤在消防水泵房内墙应采取隔声吸音的技术措施。

（6）消防水泵房应符合下列规定：

①独立建造的消防水泵房耐火等级不应低于二级；

②附设在建筑物内的消防水泵房，不应设置在地下三层及以下，或室内地面与室外出

入口地坪高差大于 10m 的地下楼层；

③附设在建筑物内的消防水泵房，应采用耐火极限不低于 2.0h 的隔墙和 1.50h 的楼板与其他部位隔开，其疏散门应直通安全出口，且开向疏散走道的门应采用甲级防火门。

（7）当采用柴油机消防水泵时宜设置独立消防水泵房，并应设置满足柴油机运行的通风、排烟和阻火设施。

（8）消防水泵房应采取防水淹没的技术措施。

（9）独立消防水泵房的抗震应满足当地地震要求，且宜按本地区抗震设防烈度提高 1 度采取抗震措施，但不宜做提高 1 度抗震计算，并应符合现行国家标准《室外给水排水和燃气热力工程抗震设计规范》（GB 50032—2003）的有关规定。

3.1.3 消防气压水罐和稳压泵的安装

消防气压水罐和稳压泵在消防给水系统中具有重要的稳压作用，为确保施工单位和建设单位正确选择合适的设备，避免不合格产品进入消防给水系统，在设备安装和验收过程中，对产品合格证书和安装使用说明书以及产品质量的严格检验显得至关重要。

3.1.3.1 消防气压水罐安装要求

（1）气压水罐有效容积、气压、水位及设计压力应符合设计要求。

（2）气压水罐安装位置和间距、进水管及出水管方向应符合设计要求。

（3）气压水罐宜有有效水容积指示器。

（4）气压水罐安装时，其四周要设检修通道，其宽度不宜小于 0.7m，消防气压给水设备顶部至楼板或梁底的距离不宜小于 0.6m；消防稳压罐的布置应合理、紧凑。

（5）当气压水罐设置在非采暖房间时，应采取有效措施，防止结冰。

（6）出水管上应设止回阀。

3.1.3.2 稳压泵的安装要求

（1）规格、型号、流量和扬程符合设计要求，并应有产品合格证和安装使用说明书。

（2）稳压泵的安装应符合现行国家标准《机械设备安装工程施工及验收通用规范》（GB 50231—2009）、《风机、压缩机、泵安装工程施工及验收规范》（GB 50275—2010）的有关规定，并考虑排水的要求。

3.1.4 消防水泵接合器的安装

消防水泵接合器是除消防水泵、高位消防水箱外的第三个向水灭火设施供水的消防水源，是消防车车载移动泵供水接口。

水泵接合器的安装要求如下：

（1）组装式水泵接合器的安装，应按接口、本体、连接管、止回阀、安全阀、放空管、控制阀的顺序连接至系统，止回阀的安装方向应使消防用水能从水泵接合器进入系统，整体式水泵接合器的安装，按其使用安装说明书进行。

（2）水泵接合器接口的位置应方便操作，安装在便于消防车接近的人行道或非机动车行驶地段，距室外消火栓或消防水池的距离宜为 15~40m。

（3）墙壁水泵接合器的安装应符合设计要求。设计无要求时，其安装高度距地面宜为 0.7m；与墙面上的门、窗、孔、洞的净距离不应小于 2.0m，且不应安装在玻璃幕墙下方。

（4）地下水泵接合器应采用铸有"消防水泵接合器"字样标志的铸铁井盖，并应在其附近设置指示其位置的永久性固定标志。地下水泵接合器的安装，应使进水口与井盖底面的距离不大于 0.4m，且不应小于井盖的半径；井内应有足够的操作空间并应做好防水和排水措施，防止地下水渗入。寒冷地区井内应做防冻保护。

（5）水泵接合器与给水系统之间不应设置除检修阀门以外其他的阀门；检修阀门应在水泵接合器周围就近设置，且应保证便于操作。

3.1.5　消防给水管网的施工要求

消防给水管网的主要作用是传输消防用水。管网由管材、管件、配件、阀门以及相关设备共同组成，它们通过一定的连接方式连接起来，形成一套封闭的流体传输系统。管网的连接形式与管道的材质、系统工作压力、温度、介质的理化特性、敷设方式等条件相适应。

管道和阀门的施工和安装，应符合现行国家标准《给水排水管道工程施工及验收规范》（GB 50268—2008）、《建筑给水排水及采暖工程施工质量验收规范》（GB 50242—2002）的有关规定。

3.1.5.1　架空管道管材与连接方式选择

（1）架空管道应采用热浸镀锌钢管，不应采用钢丝网骨架塑料复合管等非金属管道。

（2）架空管道宜采用沟槽连接件、螺纹、法兰和卡压等方式连接。消防给水管道常见连接方式特点如下：

①螺纹连接：用于低压流体输送用焊接钢管及外径可以攻螺纹的无缝钢管的连接。在消防上，当管径≤DN50 时，应采用螺纹连接。

②焊接连接：是管道工程中最重要而应用最广泛的连接方式。其主要优点是：接口牢固耐久，不易渗漏，接头强度和严密性高，使用后不需要经常管理。钢管的焊接方式有很多，有气焊、手工电弧焊、手工氩弧焊、埋弧自动焊等。由于电焊焊缝强度比气焊高，并且比气焊经济，因此优先采用电焊焊接。

③法兰连接：是将垫片放入一对固定在两个管口上的法兰的中间，用螺栓拉紧使其紧密结合起来的一种可拆卸的接头。按法兰与管子的固定方式，可分为螺纹法兰、焊接法兰、松套法兰等。

④沟槽连接：沟槽式管接口是在管材、管件等管道接头部位加工成环形沟槽，用卡箍件、橡胶密封圈和紧固件等组成的套筒式快速接头。安装时，在相邻管端套上异形橡胶密封圈后，用拼合式卡箍件连接。卡箍件的内缘就位在沟槽内并用紧固件紧固后，保证了管道的密封性能。这种连接方式具有不破坏钢管镀锌层、施工快捷、密封性好、便于拆卸等

优点。

　　目前，消防给水管道工程中较常用的沟槽连接方式有以下几种：管卡连接，如图 3-10 所示；同径三通的连接，如图 3-11 所示；同径四通的连接，如图 3-12 所示；弯头的连接，如图 3-13 所示；同心异径的连接，如图 3-14 所示；机械三通的连接，如图 3-15 所示；机械四通的连接，如图 3-16 所示。

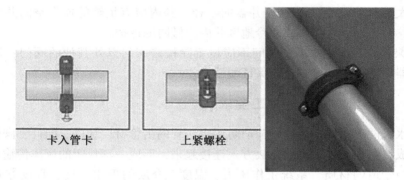

图 3-10　管卡连接方式

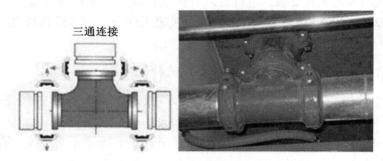

图 3-11　同径三通的连接方式

图 3-12　同径四通的连接方式

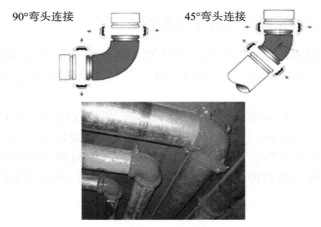

图 3-13　弯头的连接方式

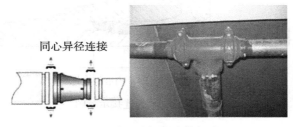

图 3-14　同心异径的连接方式

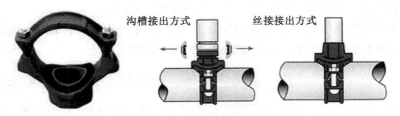

图 3-15　机械三通的连接方式

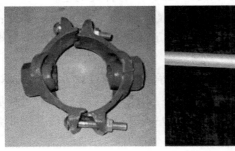

图 3-16　机械四通的连接方式

3.1.5.2 埋地管道管材与连接方式选择

（1）埋地管道宜采用球墨铸铁管、钢丝网骨架塑料复合管和加强防腐的钢管等管材。地震烈度在 7 度及 7 度以上时，宜采用柔性连接的金属管道或钢丝网骨架塑料复合管等。

（2）当采用球墨铸铁管时，宜采用承插连接。承插连接如图 3-17 所示，铸铁管的承插连接方式分为机械式接口和非机械式接口。机械式接口利用压兰与管端上法兰连接，将橡胶密封圈压紧在铸铁承插口间隙内，使橡胶密封圈压缩而与管壁紧贴形成密封。非机械式接口根据填料的不同，分为石棉水泥接口、自应力水泥接口、青铅接口和橡胶圈接口。

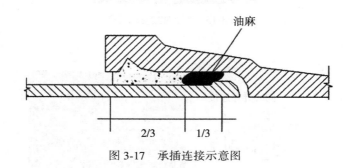

图 3-17 承插连接示意图

（3）当采用焊接钢管时，宜采用法兰和沟槽连接件连接。

（4）当采用钢丝网骨架塑料复合管时，应采用电熔连接。

（5）埋地管道的施工时，除应符合上述有关要求外，还应符合现行国家标准《给水排水管道工程施工及验收规范》（GB 50268—2008）的有关规定。

3.1.5.3 管道采用螺纹、法兰、承插、卡压等方式的连接要求

（1）采用螺纹连接时，热浸镀锌钢管的管件宜采用现行国家系列标准《可锻铸铁管路连接件》（GB/T 3287—2011）的有关规定，热浸镀锌无缝钢管的管件宜采用现行国家标准《锻制承插焊和螺纹管件》（GB/T 14383—2021）的有关规定。

（2）螺纹连接时，螺纹应符合现行国家标准《55°密封管螺纹第 2 部分：圆锥内螺纹与圆锥外螺纹》（GB/T 7306.2—2000）的有关规定，宜采用密封胶带作为螺纹接口的密封，密封带应在阳螺纹上施加。

（3）法兰连接时，法兰的密封面形式和压力等级应与消防给水系统技术要求相符合；法兰类型宜根据连接形式采用平焊法兰、对焊法兰和螺纹法兰等，法兰选择应符合现行国家标准《钢制对焊管件类型与参数》（GB/T 12459—2017）和《管法兰用非金属聚四氟乙烯包覆垫片》（GB/T 13404—2008）的有关规定。

（4）当热浸镀锌钢管采用法兰连接时，应选用螺纹法兰，当必须焊接连接时，法兰焊接应符合现行国家标准《现场设备、工业管道焊接工程施工规范》（GB 50236—2011）

和《工业金属管道工程施工规范》（GB 50235—2010）的有关规定。

（5）球墨铸铁管承插连接时，应符合现行国家标准《给水排水管道工程施工及验收规范》（GB 50268—2008）的有关规定。

（6）钢丝网骨架塑料复合管施工安装时，除应符合本书有关要求外，还应符合现行行业标准《埋地塑料给水管道工程技术规程》（CJJ 101—2016）的有关规定。

（7）管径大于 DN50 的管道不应使用螺纹活接头，在管道变径处，应采用单体异径接头。

3.1.5.4　钢管沟槽连接件（卡箍）的连接要求

（1）沟槽式连接件（管接头）、钢管沟槽深度和钢管壁厚等，应符合现行国家标准《自动喷水灭火系统第 11 部分：沟槽式管接件》（GB 5135.11—2006）的有关规定。

（2）有振动的场所和埋地管道应采用柔性接头，其他场所宜采用刚性接头，当采用刚性接头时，每隔 4~5 个刚性接头应设置一个挠性接头，埋地连接时螺栓和螺母应采用不锈钢件。

（3）沟槽式管件连接时，其管道连接沟槽和开孔应用专用滚槽机和开孔机加工，并应做防腐处理；连接前，应检查沟槽和孔洞尺寸，加工质量应符合技术要求；沟槽、孔洞处不应有毛刺、破损性裂纹和脏污物。

（4）沟槽式管件的凸边应卡进沟槽后再紧固螺栓，两边应同时紧固，紧固时发现橡胶圈起皱应更换新橡胶圈。

（5）机械三通连接时，应检查机械三通与孔洞的间隙，各部位应均匀，然后再紧固到位；机械三通开孔间距不应小于 1m，机械四通开孔间距不应小于 2m；机械三通、机械四通连接时支管的直径应满足表 3-2 中的规定，当主管与支管连接不符合表 3-2 中的规定，时应采用沟槽式三通、四通管件连接。

表 3-2　　　　　　　　　机械三通、机械四通连接时支管直径

主管直径 DN（mm）		65	80	100	125	150	200	250	300
支管直径 DN	机械三通	40	40	65	80	100	100	100	100
	机械四通	32	32	50	65	80	100	100	100

（6）配水干管（立管）与配水管（水平管）连接，应采用沟槽式管件，不应采用机械三通，如图 3-18 所示为典型错误安装。

（7）埋地的沟槽式管件的螺栓、螺帽应做防腐处理。水泵房内的埋地管道连接应采用挠性接头。

（8）采用沟槽连接件连接管道变径和转弯时，宜采用沟槽式异径管件和弯头；当需要采用补芯时，三通上可用 1 个，四通上不应超过 2 个；公称直径大于 50mm 的管道不宜采用活接头。

（9）沟槽连接件要采用三元乙丙橡胶（EDPM）C 型密封胶圈，弹性应良好，无破损

图 3-18　典型错误安装（配水干管上采用机械三通连接）

和变形，安装压紧后 C 型密封胶圈中间要有空隙。

3.1.5.5　架空管道的安装

架空管道的安装位置符合设计要求，并应符合下列规定：

（1）架空管道的安装不应影响建筑功能的正常使用，不应影响和妨碍通行以及门窗等开启；

（2）当设计无要求时，管道的中心线与梁、柱、楼板等的最小距离应符合表 3-3 中的规定。

表 3-3　　　　　　　　　管道的中心线与梁、柱、楼板等的最小距离

公称直径(mm)	25	32	40	50	70	80	100	125	150	200
距离(mm)	40	40	50	60	70	80	100	125	150	200

（3）消防给水管穿过地下室外墙、构筑物墙壁以及屋面等有防水要求处时，要设防水套管。

（4）消防给水管穿过建筑物承重墙或基础时，应预留洞口，洞口高度应保证管顶上部净空不小于建筑物的沉降量，不宜小于 0.1m，并应填充不透水的弹性材料，如图 3-19 所示。

（5）消防给水管穿过墙体或楼板时，要加设套管，套管长度不小于墙体厚度，或高出楼面或地面 50mm；套管与管道的间隙应采用不燃材料填塞，管道的接口不应位于套管内。如图 3-20 所示为典型错误安装。

（6）消防给水管必须穿过伸缩缝及沉降缝时，应采用波纹管和补偿器等技术措施，如图 3-21 所示。

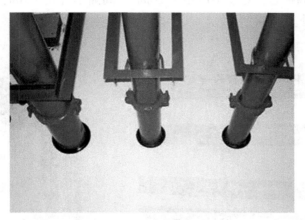

图 3-19　消防给水管穿墙时填充不透水的弹性材料

（a）管道穿墙、穿楼板不设套管　　（b）预埋套偏差太大，套管不匹配

图 3-20　典型错误安装

图 3-21　管道穿过结构缝的安装方式

（7）消防给水管可能发生冰冻时，要采取防冻技术措施。

（8）通过及敷设在有腐蚀性气体的房间内时，管外壁要刷防腐漆或缠绕防腐材料。

（9）架空管道外刷红色油漆或涂红色环圈标志，并注明管道名称和水流方向标识

（图 3-22）。红色环圈标志，宽度不应小于 20mm，间隔不宜大于 4m，在一个独立的单元内环圈不宜少于 2 处。

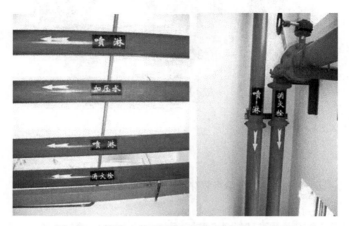

图 3-22 管道上注明管道名称和水流方向标识

3.1.5.6 管网支吊架的安装

管网支吊架是各种不同型式的支架和吊架的总称。按照支吊架的功能和型式，可分为固定支架、滑动支架、导向支架、弹簧吊架、吊架等。

（1）架空管道支架、吊架、防晃（固定）支架的安装应固定牢固，其型式、材质及施工符合设计要求。

（2）设计的吊架在管道的每一支撑点处应能承受 5 倍于充满水的管重，且管道系统支撑点应支撑整个消防给水系统。

（3）管道支架的支撑点宜设在建筑物的结构上，其结构在管道悬吊点应能承受充满水管道重量另加至少 114kg 的阀门、法兰和接头等附加荷载，充水管道的参考重量可按表 3-4 选取。

表 3-4 **充水管道的参考重量**

公称直径（mm）	25	32	40	50	70	80	100	125	150	200
保温管道（kg/m）	15	18	19	22	27	32	41	51	66	103
不保温管道（kg/m）	5	7	7	9	13	17	22	33	42	73

注：计算管重量按 10kg 化整，不足 20kg 按 20kg 计算；

表中管重不包括阀门重量，大口径的阀门和部件不应该由管道来承重，应该设置支吊架承重，如图 3-23 所示。

（4）管道支架或吊架的设置间距不应大于表 3-5 中的要求。

表 3-5　　　　　　　　　　　　　　　管道支架或吊架的间距

公称直径（mm）	25	32	40	50	70	80	100	150	200	250	300
最大间距（m）	3.5	4	4.5	5	6	6	6.5	8	9.5	11	12

（5）当管道穿梁安装时，穿梁处宜作一个吊架，如图 3-24 所示。

图 3-23　由吊架承重大口径阀门和部件

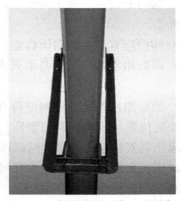

图 3-24　管道穿梁处作一个吊架

（6）下列部位应设置固定支架或防晃支架：

①配水管宜在中点设一个防晃支架，当管径小于 DN50 时可不设；

②配水干管及配水管，配水支管的长度超过 15m，每 15m 长度内应至少设 1 个防晃支架，当管径不大于 DN40 可不设；

③管径大于 DN50 的管道拐弯、三通及四通位置处应设 1 个防晃支架；

④防晃支架的强度，应满足管道、配件及管内水的重量再加 50% 的水平方向推力时不损坏或不产生永久变形。当管道穿梁安装时，管道再用紧固件固定于混凝土结构上，可作为 1 个防晃支架处理。

3.1.5.7　埋地钢管防腐和基础支墩

（1）埋地钢管应防腐处理，防腐层材质和结构应符合设计要求，并应按现行国家标准《给水排水管道工程施工及验收规范》（GB 50268—2008）的有关规定施工。

（2）室外埋地球墨铸铁给水管要求外壁应刷沥青漆防腐。

（3）埋地管道连接用的螺栓、螺母以及垫片等附件应采用防腐蚀材料，或涂覆沥青涂层等防腐涂层。

（4）埋地钢丝网骨架塑料复合管不应做防腐处理。

（5）埋地消防给水管道的基础和支墩应符合设计要求，当对支墩没有设计要求时，应在管道三通或转弯处设置混凝土支墩。

3.1.5.8 消防给水系统阀门

阀门是控制消防系统管道内水的流动方向、流量及压力的具有可动机构的机械,是消防给水系统中不可缺少的部件。按照阀门在系统中的用途,可将阀门分为截断阀、止回阀、安全阀、减压阀等。应当根据阀门的用途、介质的性质、最大工作压力、最高工作温度以及介质的流量或管道的公称通径来选择阀门。阀门的安装应符合下列要求:

(1)各类阀门型号、规格及公称压力应符合设计要求。

(2)阀门的设置应便于安装维修和操作,且安装空间应能满足阀门完全启闭的要求,并应做标志。

(3)阀门应有明显的启闭标志。

(4)消防给水系统干管与水灭火系统连接处应设置独立阀门,并应保证各系统独立使用。

(5)消防给水系统减压阀应符合下列要求:

①安装位置处的减压阀的型号、规格、压、流量应符合设计要求;

②减压阀安装应在供水管网试压、冲洗合格后进行;

③减压阀水流方向应与供水管网水流方向一致;

④减压阀前应设过滤器;

⑤减压阀前后应安装压力表;

⑥减压阀处应有压力试验用排水设施;

⑦减压阀的阀前阀后动静压力应满足设计要求;

⑧减压阀的出流量应满足设计要求,当出流量为设计流量的150%时,阀后动压不应小于额定设计工作压力的65%;

⑨减压阀在小流量、设计流量和设计流量的150%时不应出现噪声明显增加的现象;

⑩测试减压阀的阀后动静压差应符合设计要求。

任务3.2 消火栓系统的安装

3.2.1 室外消火栓的安装

3.2.1.1 安装准备

(1)认真熟悉图纸,结合现场情况复核管道的坐标、标高是否位置得当,室外地上消火栓的安装如图 3-25 所示,如有问题,及时与设计人员研究解决。

(2)检查预留及预埋是否正确,需临时剔凿,应与设计工建协调好。

(3)检查设备材料是否符合设计要求和质量标准。

(4)安排合理的施工顺序、避免工种交叉作业干扰,影响施工。

3.2.1.2 管道安装

（1）管道安装应根据设计要求使用管材，按压力要求选用管材；

（2）管道在焊接前应清除接口处的浮锈、污垢及油脂；

（3）室外消火栓安装前，管件内外壁均涂沥青冷底子油两遍，外壁需另回热沥青两遍，面漆一遍，埋入土中的法兰盘接口涂沥青冷底子油两遍，外壁需另加热沥青两遍，面漆一遍，埋入土中的法兰盘接口涂沥青冷底子油两遍，外壁需另加热沥青两遍，面漆一遍，埋入土中的法兰盘接口涂沥青冷底子油及热沥青两遍，并用沥青麻布包严，消火栓井内铁件也应涂热沥青防腐。

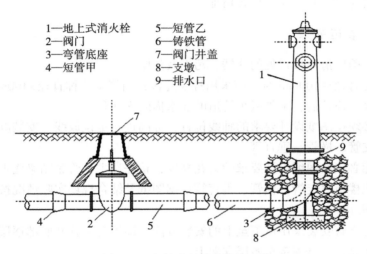

1—地上式消火栓   5—短管乙
2—阀门   6—铸铁管
3—弯管底座   7—阀门井盖
4—短管甲   8—支墩
                  9—排水口

图 3-25　室外地上消火栓的安装

3.2.1.3 栓体安装

消火栓安装按国标 01S201 要求进行。消火栓安装位于人行道沿上 1m 处，采用钢制双盘短管调整高度，做内外防腐。

室外地上式消火栓安装时，消火栓顶距地面高为 0.64m，立管应垂直、稳固、控制阀门井距消火栓不应超过 2.5m，消火栓弯管底部应设支墩或支座。

室外地下式消火栓应安装在消火栓井内，消火栓井一般用 MU7.5 红砖、M7.5 水泥砂浆砌筑。消火栓井内径不应小于 1m。井内应设爬梯以方便阀门的维修。

消火栓与主管连接的三通或弯头下部位应带底座，底座下部应设混凝土支墩，支墩与三通，弯头底部用 M7.5 水泥砂浆抹成"八"字托座。

消火栓井内供水主管底部距井底不应小于 0.2m，消火栓顶部至井盖底距离最小不应小于 0.2m，冬季室外温度低于-20℃的地区，地下消火栓井口需作保温处理。

安装室外地上式消火栓时，其放水口应用粒径为 20~30mm 的卵石做渗水层，铺设半径为 500mm，铺设厚度自地面下 100mm 至槽底。铺设渗水层时，应保护好放水弯头，以免损坏。

3.2.2 室内消火栓的安装

3.2.2.1 安装准备

消火栓系统管材应根据设计要求选用,一般采用碳素钢管或无缝钢管,管材不得有弯曲、锈蚀、重皮及凹凸不平等现象。

消火栓箱体的规格类型应符合设计要求,箱体表面平整、光洁。金属箱体无锈蚀、划伤,箱门开启灵活。箱体方正,箱内配件齐全。栓阀外形规矩,无裂纹,启闭灵活,关闭严密,密封填料完好,有产品出厂合格证。

3.2.2.2 管道安装

管道在焊接前应清除接口处的浮锈、污垢及油脂。

当管子公称直径≤100mm 时,应采用螺纹连接;当管子公称直径>100mm 时,可采用焊接或法兰连接。连接后,不得减少管道的通水横断面面积。

管道安装必须按图纸设计要求的轴线位置,标高进行定位放线。安装顺序一般是主干管、干管、分支管、横管、垂直管。

室内与走廊必须按图纸设计要求的天花高度,首先让主干管紧贴梁底走管,干管、分支管紧贴梁底或楼板底走管,横管、垂直管根据图纸及结合现场实际情况按规范布置,尽量做到美观合理。

管井的消防立管安装采用从下至上的安装方法,即管道从管井底部逐层驳接安装,直至立管全部安装完,并且固定至各层支架上。

管道穿梁及地下室剪力墙、水池等,应装设预埋套管。

当管道壁厚≤4mm,直径≤50mm 时,应采用气焊;当壁厚≥4.5mm,直径≥70mm 时采用电焊。

不同管径的管道焊接,在连接时,如两管径相差不超过小管径的 15%,可将大管端部缩口与小管对焊。如两管相差超过小管径 15%,则应采用变径管件焊接。

管道对口焊缝上不得开口焊接支管,焊口不得安装在支吊架位置上。

管道穿墙处不得有接口;管道穿过伸缩缝处应有抗变形措施。

碳素钢管开口焊接时,要错开焊缝,并使焊缝朝向易观察和维修的方向上。

管道焊接时,先点焊三点以上,然后检查预留口位置、方向、变径等无误后,找直找正再焊接,紧固卡件,拆掉临时固定件。

管网安装完毕后,应对其进行强度试验、冲洗和严密性试验。

3.2.2.3 栓体及配件安装

消火栓箱体要符合设计要求(其材质有铁和铝合金等)。产品均应有质量合格证明文件。

消火栓支管要以栓阀的坐标、标高来定位，然后稳固消火栓箱，箱体找正稳固后，再把栓阀安装好，当栓阀侧装在箱内时，应在箱门开启的一侧，箱门开启应灵活。

消火栓箱体安装在轻体隔墙上时，应有加固措施。

箱体配件安装应在交工前进行。消防水龙带应折好放在挂架上或卷实、盘紧放在箱内；消防水枪要竖放在箱体内侧，自救式水枪和软管应放在挂卡上或放在箱底部。消防水龙带与水枪，快速接头的连接，一般用 14 号铅丝绑扎两道，每道不少于两圈，使用卡箍时，在里侧加一道铅丝。设有电控按钮时，应注意与电器专业配合施工。

管道支、吊架的安装间距，材料选择，必须严格按照规定要求和施工图纸的规定，接口缝距支吊连接缘不应小于 50mm，焊缝不得放在墙内。

阀门的安装应紧固、严密，与管道中心垂直，操作机构灵活准确。

任务 3.3　系统的试压与冲洗

国家标准《消防给水及消火栓系统技术规范》（GB 50974—2014）中明确规定，管网安装完毕后，应对其进行强度试验、冲洗和严密性试验。

试压分为强度试验和严密性试验，强度试验实际是对系统管网的整体结构、所有接口、管道支吊架、基础支墩等进行的一种超负荷考核。而严密性试验则是对系统管网渗漏程度的测试。实践表明，这两种试验都是必不可少的，也是评定其工程质量和系统功能的重要依据。

管网冲洗的目的是清除管网中的泥沙、麻丝等杂物，避免管网、出口受堵，保证系统灭火效果。管网冲洗是防止系统投入使用后发生堵塞的重要技术措施之一。

3.3.1　系统的试压

消防给水及消火栓系统试压应符合下列要求：

（1）强度试验和严密性试验宜用水进行，且宜采用生活用水进行，不应使用海水或含有腐蚀性化学物质的水。干式消火栓系统应做水压试验和气压试验。

（2）系统试压前应具备下列条件：

①埋地管道的位置及管道基础、支墩等经复查应符合设计要求；

②试压用的压力表不应少于 2 只；精度不应低于 1.5 级，量程应为试验压力值的 1.5~2 倍；

③试压冲洗方案已经批准；

④对不能参与试压的设备、仪表、阀门及附件，应加以隔离或拆除；加设的临时盲板应具有突出于法兰的边耳，且应做明显标志，并记录临时盲板的数量。

（3）系统试压过程中，当出现泄漏时，应停止试压，并应放空管网中的试验介质，消除缺陷后，应重新再试。

（4）压力管道水压强度试验的试验压力应符合表 3-6 中的规定。

表 3-6　　　　　　　　　　　　　压力管道水压强度试验的试验压力

管道类型	系统工作压力 P（MPa）	试验压力（MPa）
钢管	≤1.0	1.5P，且不应小于 1.4
钢管	>1.0	P+0.4
球墨铸铁管	≤0.5	2P
球墨铸铁管	>0.5	P+0.5
钢丝网骨架塑料管	P	1.5P，且不应小于 0.8

（5）水压强度试验的测试点应设在系统管网的最低点。对管网注水时，应将管网内的空气排净，并应缓慢升压，达到试验压力后，稳压 30min 后，管网应无泄漏、无变形，且压力降不应大于 0.05MPa。

（6）水压严密性试验应在水压强度试验和管网冲洗合格后进行。试验压力应为系统工作压力，稳压 24h，应无泄漏。

（7）水压试验时环境温度不宜低于 5℃，当低于 5℃时，水压试验应采取防冻措施。

（8）消防给水系统的水源干管、进户管和室内埋地管道应在回填前单独或与系统同时进行水压强度试验和水压严密性试验。

（9）气压严密性试验的介质宜采用空气或氮气，试验压力应为 0.28MPa，且稳压 24h，压力降不应大于 0.01MPa。

（10）系统试压完成后，应及时拆除所有临时盲板及试验用的管道，并应与记录核对无误，且应按表 3-7 所示的格式填写记录。

表 3-7　　　　　　　　　　　　消防给水及消火栓系统试压记录

工程名称								建设单位			
施工单位								监理单位			
管段号	材质	系统工作压力（MPa）	温度（℃）	强度试验				严密性试验			
				介质	压力（MPa）	时间（min）	结论意见	介质	压力（MPa）	时间（min）	结论意见
参加单位	施工单位项目负责人：（签章）　年　月　日			监理工程师：（签章）　年　月　日				建设单位项目负责人：（签章）　年　月　日			

3.3.2　系统的冲洗

（1）冲洗宜采用生活用水进行，不应使用海水或含有腐蚀性化学物质的水。

（2）管网冲洗应在试压合格后分段进行。冲洗顺序应先室外，后室内；先地下，后地上；室内部分的冲洗应按供水干管、水平管和立管的顺序进行。

（3）冲洗前，应对系统的仪表采取保护措施。

（4）冲洗前，应对管道防晃支架、支吊架等进行检查，必要时应采取加固措施。如图 3-26 所示。

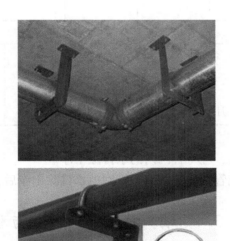

图 3-26　常见的管道支吊架

（5）对不能经受冲洗的设备和冲洗后可能存留脏污物、杂物的管段，应进行清理。

（6）冲洗管道直径大于 DN100 时，应对其死角和底部进行振动，但不应损伤管道。

（7）管网冲洗的水流流速、流量不应小于系统设计的水流流速、流量；管网冲洗宜分区、分段进行；水平管网冲洗时，其排水管位置应低于冲洗管网。

（8）管网冲洗的水流方向应与灭火时管网的水流方向一致。

（9）管网冲洗应连续进行。当出口处水的颜色、透明度与入口处水的颜色、透明度基本一致时，冲洗可结束。

（10）管网冲洗宜设临时专用排水管道，其排放应畅通和安全。排水管道的截面面积不应小于被冲洗管道截面面积的 60%。

（11）管网的地上管道与地下管道连接前，应在管道连接处加设堵头后，对地下管道进行冲洗。

（12）管网冲洗合格后，应按表 3-8 所示的要求填写记录。

表 3-8　　　　　　　　　消防给水及消火栓系统管网冲洗记录

工程名称					建设单位			
施工单位					监理单位			
管段号	材质	冲　洗					结论意见	
		介质	压力（MPa）	流速（m/s）	流量（L/s）	冲洗次数		
参加 单位	施工单位（项目）负责人： （签章） 年　月　日			监理工程师： （签章） 年　月　日			建设单位（项目）负责人： （签章） 年　月　日	

（13）管网冲洗结束后，应将管网内的水排除干净。

（14）干式消火栓系统管网冲洗结束，管网内水排除干净后，宜采用压缩空气吹干。

任务 3.4　消火栓系统的调试与验收

3.4.1　消火栓系统调试

3.4.1.1　调试前准备

消防给水及消火栓系统调试应在系统施工完成后进行，并应具备下列条件：

（1）天然水源取水口、地下水井、消防水池、高位消防水池、高位消防水箱等蓄水和供水设施水位、出水量、已储水量等符合设计要求；

（2）消防水泵、稳压泵和稳压设施等处于准工作状态；

（3）系统供电正常，若柴油机泵油箱应充满油，并能正常工作；

（4）消防给水系统管网内已充满水；

（5）湿式消火栓系统管网内已充满水，手动干式、干式消火栓系统管网内的气压符合设计要求；

（6）系统自动控制处于准工作状态；

（7）减压阀和阀门等处于正常工作位置。

3.4.1.2　系统调试内容

系统调试应包括下列内容：

（1）水源调试和测试；

（2）消防水泵调试；

（3）稳压泵或稳压设施调试；

（4）减压阀调试；

（5）消火栓调试；

（6）自动控制探测器调试；

（7）干式消火栓系统的报警阀等快速启闭装置调试，并应包含报警阀的附件电动或电磁阀等阀门的调试；

（8）排水设施调试；

（9）联锁控制试验。

3.4.1.3　水源调试和测试要求

水源调试和测试应符合下列要求：

（1）按设计要求核实高位消防水箱、高位消防水池、消防水池的容积，高位消防水池、高位消防水箱设置高度应符合设计要求；消防储水应有不作他用的技术措施。当有江河湖海、水库和水塘等天然水源作为消防水源时，应验证其枯水位、洪水位和常水位的流量符合设计要求。地下水井的常水位、出水量等应符合设计要求；

（2）消防水泵直接从市政管网吸水时，应测试市政供水的压力和流量能否满足设计要求的流量；

（3）应按设计要求核实消防水泵接合器的数量和供水能力，并应通过消防车车载移动泵供水进行试验验证；

（4）应核实地下水井的常水位和设计抽升流量时的水位。

3.4.1.4　消防水泵调试要求

消防水泵调试应符合下列要求：

（1）以自动直接启动或手动直接启动消防水泵时，消防水泵应在 55s 内投入正常运行，且应无不良噪声和振动；

（2）以备用电源切换方式或备用泵切换启动消防水泵时，消防水泵应分别在 1min 或 2min 内投入正常运行；

（3）消防水泵安装后，应进行现场性能测试，其性能应与生产厂商提供的数据相符，并应满足消防给水设计流量和压力的要求；

（4）消防水泵零流量时的压力不应超过设计工作压力的 140%；当出流量为设计工作流量的 150% 时，其出口压力不应低于设计工作压力的 65%。

3.4.1.5　稳压泵调试要求

稳压泵应按设计要求进行调试，并应符合下列规定：

（1）当达到设计启动压力时，稳压泵应立即启动；当达到系统停泵压力时，稳压泵应自动停止运行；稳压泵启停应达到设计压力要求；

（2）能满足系统自动启动要求，且当消防主泵启动时，稳压泵应停止运行；

（3）稳压泵在正常工作时每小时的启停次数应符合设计要求，且不应大于 15 次/h；

（4）稳压泵启停时系统压力应平稳，且稳压泵不应频繁启停。

3.4.1.6　干式消火栓系统快速启闭装置调试要求

干式消火栓系统快速启闭装置调试应符合下列要求：

（1）干式消火栓系统调试时，开启系统试验阀或按下消火栓按钮，干式消火栓系统快速启闭装置的启动时间、系统启动压力、水流到试验装置出口所需时间均应符合设计要求；

（2）快速启闭装置后的管道容积应符合设计要求，并应满足充水时间的要求；

（3）干式报警阀在充气压力下降到设定值时应能及时启动；

（4）干式报警阀充气系统在设定低压点时应启动，在设定高压点时应停止充气，当压力低于设定低压点时应报警；

（5）干式报警阀当设有加速排气器时，应验证其可靠工作。

3.4.1.7　减压阀调试要求

减压阀调试应符合下列要求：

（1）减压阀的阀前阀后动静压力应满足设计要求；

（2）减压阀的出流量应满足设计要求，当出流量为设计流量的 150% 时，阀后动压不应小于额定设计工作压力的 65%；

（3）减压阀在小流量、设计流量和设计流量的 150% 时，不应出现噪声明显增加；

（4）测试减压阀的阀后动静压差应符合设计要求。

3.4.1.8　消火栓的调试和测试要求

消火栓的调试和测试应符合下列规定：

（1）试验消火栓动作时，应检测消防水泵是否在本规范规定的时间内自动启动；

（2）试验消火栓动作时，应测试其出流量、压力和充实水柱的长度，并应根据消防水泵的性能曲线核实消防水泵供水能力；

（3）应检查旋转型消火栓的性能能否满足其性能要求；

（4）应采用专用检测工具，测试减压稳压型消火栓的阀后动压、静压是否满足设计要求。

3.4.1.9　排水设施调试要求

调试过程中，系统排出的水应通过排水设施全部排走，并应符合下列规定：

（1）消防电梯排水设施的自动控制和排水能力应进行测试；

（2）报警阀排水试验管处和末端试水装置处排水设施的排水能力应进行测试，且在地面不应有积水；

（3）试验消火栓处的排水能力应满足试验要求；

（4）消防水泵房排水设施的排水能力应进行测试，并应符合设计要求。

3.4.1.10　控制柜调试和测试要求

控制柜调试和测试应符合下列要求：

（1）应首先空载调试控制柜的控制功能，并应对各个控制程序进行试验验证；

（2）当空载调试合格后，应加负载调试控制柜的控制功能，并应对各个负载电流的状况进行试验检测和验证；

（3）应检查显示功能，并应对电压、电流、故障、声光报警等功能进行试验检测和验证；

（4）应调试自动巡检功能，并应对各泵的巡检动作、时间、周期、频率和转速等进行试验检测和验证；

（5）应试验消防水泵的各种强制启泵功能。

3.4.1.11　联锁试验要求

联锁试验应符合下列要求，并应按表3-9所示的要求进行记录。

表 3-9　　　　　　　　　　　消防给水及消火栓系统联锁试验记录

工程名称				建设单位		
施工单位				监理单位		
系统类型	启动信号（部位）	联动组件动作				
		名　称	是否开启	要求动作时间	实际动作时间	
消防给水				—	—	
湿式消火栓系统	末端试水装置（试验消火栓）	消防水泵		—	—	
		压力开关(管网)				
		高位消防水箱水流开关				
		稳压泵				
干式消火栓系统	模拟消火栓动作	干式阀等快速启闭装置				
		水力警铃		—	—	
		压力开关		—	—	
		充水时间				
		压力开关（管网）				
		高位消防水箱流量开关				
		消防水泵				
		稳压泵				
自动喷水灭火系统	现行国家标准《自动喷水灭火系统施工及验收规范》（GB 50261）					
水喷雾系统	现行国家标准《自动喷水灭火系统施工及验收规范》（GB 50261）					

续表

泡沫系统	现行国家标准《泡沫灭火系统施工及验收规范》（GB 50281）
消防炮系统	

参加单位	施工单位项目负责人： （签章） 　　　　年　月　日	监理工程师： （签章） 　　　年　月　日	建设单位项目负责人： （签章） 　　　年　月　日

（1）干式消火栓系统联锁试验，当打开 1 个消火栓或模拟 1 个消火栓的排气量排气时，干式报警阀（电动阀/电磁阀）应及时启动，压力开关应发出信号或联锁启动消防防水泵，水力警铃动作应发出机械报警信号；

（2）消防给水系统的试验管放水时，管网压力应持续降低，消防水泵出水干管上压力开关应能自动启动消防水泵；消防给水系统的试验管放水或高位消防水箱排水管放水时，高位消防水箱出水管上的流量开关应动作，且应能自动启动消防水泵；

（3）自动启动时间应符合设计要求，且消防水泵应确保从接到启泵信号到水泵正常运转的自动启动时间不应大于 2min。

3.4.2　消火栓系统验收

系统竣工后，必须进行工程验收，验收应由建设单位组织质检、设计、施工、监理参加，验收不合格不应投入使用。消防给水及消火栓系统的工程验收包括消防水源、供水设施设备、系统组件及给水管网的验收。

系统的工程验收要求对构成自动喷水灭火系统的供水设施、报警阀组、管道附件及喷头等进行全方位的系统检测，以确定系统是否满足设计及系统功能要求，为以后系统的正常运行提供可靠保障。

系统工程质量检测验收合格与否，应根据其质量缺陷项情况进行判定；系统工程质量缺陷划分为：严重缺陷项（A），重缺陷项（B），轻缺陷项（C）。系统检测验收合格判定的条件为：A＝0，且 B≤2，且 B+C≤6 为合格，否则为不合格。消防给水及消火栓系统检测验收要求不合格质量缺陷如表 3-10 所示。

表 3-10　　　　　　　　消防给水及消火栓系统检测验收要求及质量缺陷划分

检测验收项目	要　　　求	检测方法	质量缺陷
验收材料	（1）竣工验收申请报告、设计文件、竣工资料； （2）消防给水及消火栓系统的调试报告； （3）工程质量事故处理报告； （4）施工现场质量管理检查记录； （5）消防给水及消火栓系统施工过程质量管理检查记录； （6）消防给水及消火栓系统质量控制检查资料	核查资料	C

检测验收项目	要　　求	检测方法	质量缺陷
消防水源	（1）应检查室外给水管网的进水管管径及供水能力，并应检查高位消防水箱、高位消防水池和消防水池等的有效容积和水位测量装置等应符合设计要求； （2）当采用地表天然水源作为消防水源时，其水位、水量、水质等应符合设计要求； （3）应根据有效水文资料检查天然水源枯水期最低水位、常水位和洪水位时确保消防用水应符合设计要求； （4）应根据地下水井抽水试验资料确定常水位、最低水位、出水量和水位测量装置等技术参数和装备应符合设计要求	全数检查，对照设计资料直观检查	A
消防水泵房	（1）消防水泵房的建筑防火要求应符合设计要求和现行国家标准《建筑设计防火规范》（GB 50016—2014，2018 年版）的有关规定； （2）消防水泵房设置的应急照明、安全出口应符合设计要求； （3）消防水泵房的采暖通风、排水和防洪等应符合设计要求； （4）消防水泵房的设备进出和维修安装空间应满足设备要求	全数检查，照图纸直观检查	B
消防水泵	（1）工作泵、备用泵、吸水管、出水管及出水管上的泄压阀、水锤消除设施、止回阀、信号阀等的规格、型号、数量，应符合设计要求；吸水管、出水管上的控制阀应锁定在常开位置，并应有明显标记； （2）消防水泵启动控制应置于自动启动挡；	全数检查，直观检查和采用仪表检查	A
消防水泵	（3）消防水泵运转应平稳，应无不良噪声的振动； （4）消防水泵应采用自灌式引水方式，并应保证全部储水被有效利用； （5）分别开启系统中的每一个末端试水装置、试水阀和试验消火栓，水流指示器、压力开关、压力开关（管网）、高位消防水箱流量开关等信号的功能，均应符合设计要求；消防水泵应确保从接到启泵信号到水泵正常运转的自动启动时间不应大于 2min； （6）打开消防水泵出水管上试水阀，当采用主电源启动消防水泵时，消防水泵应启动正常；关掉主电源，主、备电源应能正常切换；备用泵启动和相互切换正常；消防水泵就地和远程启停功能应正常； （7）消防水泵停泵时，水锤消除设施后的压力不应超过水泵出口设计工作压力的 1.4 倍； （8）采用固定和移动式流量计和压力表测试消防水泵的性能，水泵性能应满足设计要求。零流量时的压力不应大于设计工作压力的 140%，且宜大于设计工作压力的 120%；当出流量为设计流量的 150%时，其出口压力不应低于设计工作压力的 65%	全数检查，直观检查和采用仪表检查	B

检测验收项目	要　　求	检测方法	质量缺陷
稳压泵	（1）稳压泵的型号性能等应符合设计要求；	全数检查，直观检查	A
	（2）稳压泵的控制应符合设计要求，并应有防止稳压泵频繁启动的技术措施； （3）稳压泵在 1h 内的启停次数应符合设计要求，且不宜大于15 次/h； （4）稳压泵供电应正常，自动手动启停应正常；关掉主电源，主、备电源应能正常切换； （5）气压水罐的有效容积以及调节容积应符合设计要求，并应满足稳压泵的启停要求		B
控制柜	（1）控制柜的规格、型号、数量应符合设计要求； （2）控制柜的图纸塑封后应牢固粘贴于柜门内侧； （3）控制柜的动作应符合设计要求和相关规定的要求； （4）控制柜的质量应符合产品标准和相关规定的要求； （5）主、备用电源自动切换装置的设置应符合设计要求； （6）消防水泵控制柜的安装位置和防护等级应符合设计要求	全数检查，直观检查	A
消防水池、高位消防水池和高位消防水箱	（1）设置位置应符合设计要求； （2）消防水池、高位消防水池和高位消防水箱的有效容积、水位、报警水位等，应符合设计要求； （3）进出水管、溢流管、排水管等应符合设计要求，且溢流管应采用间接排水；	全数检查，直观检查	A
	（4）管道、阀门和进水浮球阀等应便于检修，人孔和爬梯位置应合理； （5）消防水池吸水井、吸（出）水管喇叭口等设置位置应符合设计要求		C
气压水罐	（1）气压水罐的有效容积、调节容积和稳压泵启泵次数应符合设计要求；	全数检查，直观检查	B
	（2）气压水罐气侧压力应符合设计要求		C
干式消火栓报警阀组	（1）报警阀组的各组件应符合产品标准要求； （2）打开系统流量压力检测装置放水阀，测试的流量、压力应符合设计要求； （3）水力警铃的设置位置应正确。测试时，水力警铃喷嘴处压力不应小于 0.05MPa，且距水力警铃 3m 远处警铃警声声强不应小于 70dB； （4）打开手动试水阀动作应可靠； （5）与空气压缩机或火灾自动报警系统的联锁控制，应符合设计要求；	全数检查，直观检查	B
	（6）控制阀均应锁定在常开位置		C

检测验收项目	要 求	检测方法	质量缺陷
消火栓	（1）消火栓的设置场所、规格、型号应符合设计要求和现行国家标准《消防给水及消火栓系统技术规范》（GB 50974—2014）的有关规定。室内消火栓的配置应符合下列要求：应采用 DN65 室内消火栓，并可与消防软管卷盘或轻便水龙设置在同一箱体内；应配置公称直径为 65mm 有内衬里的消防水带，长度不宜超过 25m；消防软管卷盘应配置内径不小于 19mm 的消防软管，其长度宜为 30m；轻便水龙应配置公称直径为 25mm 有内衬里的消防水带，长度宜为 30m；宜配置当量喷嘴直径为 16mm 或 19mm 的消防水枪，但当消火栓设计流量为 2.5L/s 时，宜配置当量喷嘴直径为 11mm 或 13mm 的消防水枪；消防软管卷盘和轻便水龙应配置当量喷嘴直径为 6mm 的消防水枪。市政消火栓宜采用直径 DN150 的室外消火栓；室外地上式消火栓应有一个直径为 150mm 或 100mm 和两个直径为 65mm 的栓口；室外地下式消火栓应有直径 100mm 和 65mm 的栓口各一个；	抽查消火栓数量 10%，且总数每个供水分区不应少于 10 个，合格率应为 100%。对照图纸尺量检查	A
	（2）消火栓的设置位置应符合设计要求，并应符合消防救援和火灾扑救工艺的要求； （3）消火栓的减压装置和活动部件应灵活可靠，栓后压力应符合设计要求。室内消火栓栓口动压不应大于 0.5MPa；当大于 0.70MPa 时，必须设置减压装置；高层建筑、厂房、库房和室内净空高度超过 8m 的民用建筑等场所，消火栓栓口动压不应小于 0.35MPa，且消防水枪充实水柱不应小于 13m；其他场所，消火栓栓口动压不应小于 0.25MPa，且消防水枪充实水柱不应小于 10m		B
	（4）室内消火栓的安装高度应符合设计要求		C
消防水泵结合器	（1）消防水泵接合器数量及进水管位置应符合设计要求； （2）消防水泵接合器应采用消防车车载消防泵进行充水试验，且供水最不利点的压力、流量应符合设计要求； （3）当有分区供水时，应确定消防车的最大供水高度和接力泵的设置位置的合理性	全数检查，使用流量计、压力表和直观检查	B

续表

检测验收项目	要　　　求	检测方法	质量缺陷
给水管网	（1）管道的材质、管径、接头、连接方式及采取的防腐、防冻措施，应符合设计要求，管道标识应符合设计要求； （2）管网排水坡度及辅助排水设施，应符合设计要求； （3）系统中的试验消火栓、自动排气阀应符合设计要求； （4）管网不同部位安装的报警阀组、闸阀、止回阀、电磁阀、信号阀、水流指示器、减压孔板、节流管、减压阀、柔性接头、排水管、排气阀、泄压阀等，均应符合设计要求； （5）干式消火栓系统允许的最大充水时间不应大于 5min；在供水干管上宜设干式报警阀、雨淋阀或电磁阀、电动阀等快速启闭装置，当采用电动阀时开启时间不应超过 30s； （6）干式消火栓系统报警阀后的管道仅应设置消火栓和有信号显示的阀门； （7）架空管道的立管、配水支管、配水管、配水干管设置的支架，应符合现行国家标准《消防给水及消火栓系统技术规范》（GB 50974—2014）的有关规定 （8）室外埋地管道应符合现行国家标准《消防给水及消火栓系统技术规范》（GB 50974—2014）的有关规定	第（7）项抽查 20%，且不应少于 5 处；其他全数抽查。直观和尺量检查、秒表测量	B
减压阀	（1）减压阀的型号、规格、设计压力和设计流量应符合设计要求； （2）减压阀的水头损失应小于设计阀后静压和动压差；	全数检查，使用压力表、流量计和直观检查	A
	（3）减压阀阀前应有过滤器，过滤器的孔网直径不宜小于 4~5 目/cm²，过流面积不应小于管道截面面积的 4 倍； （4）减压阀阀前阀后动压和静压应符合设计要求； （5）减压阀处应有试验用压力排水管道； （6）减压阀在小流量、设计流量和设计流量的 150%时不应出现噪声明显增加或管道出现喘振		B
放水试验要求	消防给水系统流量、压力的验收，应通过系统流量、压力检测装置和末端试水装置进行放水试验，系统流量，压力和消火栓充实水柱等应符合设计要求	全数检查，直观检查	A
系统模拟灭火功能试验	（1）流量开关、低压压力开关和报警阀压力开关等动，应能自动启动消防水泵及与其联锁的相关设备，并应有反馈信号显示； （2）消防水泵启动后，应有反馈信号显示；	全数检查，直观检查	A
	（3）干式消火栓系统的干式报警阀的加速排气器动作后，应有反馈信号显示； （4）其他消防联动控制设备启动后，应有反馈信号显示；		B
	（5）干式消火栓报警阀动作，水力警铃应鸣响压力开关动作		C

项目 4   自动喷水灭火系统

◎ **知识目标**：认识自动喷水灭火系统的分类，了解各种管材安装的要点，掌握自动喷水灭火系统组件的安装调试方法。

◎ **能力目标**：能够正确选用自动喷水灭火系统附件并进行安装；能够对自动喷水灭火系统进行调试。

◎ **素质目标**：提升团队合作的能力；培养学生吃苦耐劳、细致认真的工作作风。

◎ **思政目标**：自动喷水灭火系统的安装应合理规范，施工调试过程中应严格按照国家规范、设计要求进行，杜绝偷工减料马虎大意的情况出现，坚守职业道德底线。

自动喷水灭火系统具有自动探火报警和自动喷水控火、灭火的优良性能，是当今国际上应用范围最广、用量最多且造价低廉的自动灭火系统。

自动喷水灭火系统由洒水喷头、报警阀组、水流报警装置（水流指示器或压力开关）等组件，以及管道、供水设施等组成，能在发生火灾时喷水的自动灭火系统。

自动喷水灭火系统的类型较多，从广义上分，可分为闭式系统和开式系统；从使用功能上分，其基本类型又包括湿式系统、干式系统、预作用系统及雨淋系统和水幕系统等。其中，用量最多的是湿式系统，在已安装的自动喷水灭火系统中，70%以上为湿式系统。如图 4-1 所示。

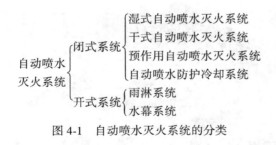

图 4-1   自动喷水灭火系统的分类

任务 4.1   自动喷水灭火系统的安装

4.1.1   系统管网的安装

管网安装是自动喷水灭火系统工程施工中工作量最大，工程质量最容易出现问题和存在隐患的环节。管网安装质量的好坏，将直接影响系统功能和系统使用寿命。管网是自动喷水灭火系统的重要组成部分，同时管网安装也是整个系统安装工程中工作量最大、容易出问题的环节，返修也较繁杂。因而在安装时，应采取行之有效的技术措施，确保安装质量，这是施工中非常重要的环节。

4.1.1.1　管道连接

管道连接后，不应减小过水横断面面积。热镀锌钢管、涂覆钢管安装应采用螺纹、沟槽式管件或法兰连接。薄壁不锈钢管安装应采用环压、卡凸式、卡压、沟槽式、法兰等连接。铜管安装应采用钎焊、卡套、卡压、沟槽式等连接（如图 4-2～图 4-4 所示）。氯化聚氯乙烯（PVC-C）管材与氯化聚氯乙烯（PVC-C）管件的连接，应采用承插式粘接连接；氯化聚氯乙烯（PVC-C）管材与法兰式管道、阀门及管件的连接，应采用氯化聚氯乙烯（PVC-C）法兰与其他材质法兰对接连接；氯化聚氯乙烯（PVC-C）管材与螺纹式管道、阀门及管件的连接，应采用内丝接头的注塑管件螺纹连接；氯化聚氯乙烯（PVC-C）管材与沟槽式（卡箍）管道、阀门及管件的连接，应采用沟槽（卡箍）注塑管件连接。

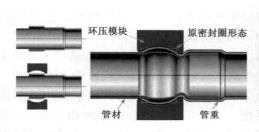

图 4-2　环压和卡压管件

图 4-3　卡套

图 4-4 钎焊

管网安装前，应校直管道，并清除管道内部的杂物；在具有腐蚀性的场所，安装前应按设计要求对管道、管件等进行防腐处理；安装时应随时清除管道内部的杂物。

1. 沟槽式管件连接

沟槽式管件连接时应符合下列规定：

（1）选用的沟槽式管件，其材质应为球墨铸铁；橡胶密封圈的材质应为 EPDM（三元乙丙橡胶）。如图 4-5 所示。

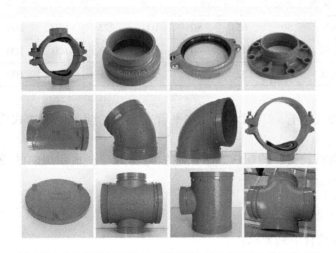

图 4-5 沟槽式管件

（2）沟槽式管件连接时，其管道连接沟槽和开孔应用专用滚槽机（图 4-6）和开孔机加工，并应做防腐处理；连接前，应检查沟槽和孔洞尺寸，加工质量应符合技术要求；沟槽、孔洞处不得有毛刺、破损性裂纹和脏污物。

（3）橡胶密封圈应无破损和变形。

（4）沟槽式管件的凸边应卡进沟槽后再紧固螺栓，两边应同时紧固，紧固时如发现橡胶圈起皱，应更换新橡胶圈。

图 4-6 专用滚槽机

（5）机械三通连接时，应检查机械三通与孔洞的间隙，各部位应均匀，然后再紧固到位；机械三通开孔间距不应小于 500mm，机械四通开孔间距不应小于 1000mm；机械三通、机械四通连接时支管的口径应满足表 4-1 中的规定。

表 4-1　　　　采用支管接头（机械三通、机械四通）时支管的最大允许管径

主管直径 DN（mm）		50	65	80	100	125	150	200	250	300
支管直径 DN	机械三通	25	40	40	65	80	100	100	100	100
	机械四通	—	32	40	50	65	80	100	100	100

（6）配水干管（立管）与配水管（水平管）连接，应采用沟槽式管件，不应采用机械三通。

（7）埋地的沟槽式管件的螺栓、螺帽应做防腐处理。水泵房内的埋地管道连接应采用挠性接头。

2. 螺纹连接

螺纹连接时应符合下列要求：

（1）管道宜采用机械切割，切割面不得有飞边、毛刺。

（2）当管道变径时，宜采用异径接头；在管道弯头处不宜采用补芯，当需要采用补芯时，三通上可用 1 个，四通上不应超过 2 个；公称直径大于 50mm 的管道不宜采用活接头。

（3）螺纹连接的密封填料应均匀附着在管道的螺纹部分；拧紧螺纹时，不得将填料挤入管道内；连接后，应将连接处外部清理干净。

3. 法兰连接

法兰连接可采用焊接法兰或螺纹法兰。焊接法兰焊接处应做防腐处理，并宜重新镀锌

后再连接。

螺纹法兰连接应预测对接位置，清除外露密封填料后再紧固、连接。

4.1.1.2　管道安装技术要求

管道的安装位置应符合设计要求。当设计无要求时，管道的中心线与梁、柱、楼板等的最小距离应符合表 4-2 中的规定。公称直径大于或等于 100mm 的管道其距离顶板、墙面的安装距离不宜小于 200mm。

表 4-2　　　　　　　　　　　管道的中心线与梁、柱、楼板的最小距离

公称直径（mm）	25	32	40	50	70	80	100	125	150	200	250	300
距离（mm）	40	40	50	60	70	80	100	125	150	200	250	300

管道支架、吊架、防晃支架的安装应符合下列要求：

（1）管道应固定牢固；管道支架或吊架之间的距离不应大于表 4-3、表 4-4 中的规定。

表 4-3　　　　　　　　镀锌钢管道、涂覆钢管道支架或吊架之间的距离

公称直径（mm）	25	32	40	50	70	80	100	125	150	200	250	300
距离（m）	3.5	4.0	4.5	5.0	6.0	6.0	6.5	7.0	8.0	9.5	11.0	12.0

表 4-4　　　　　　　　　　　　沟槽连接管道最大支承间距

公称直径（mm）	最大支承间距（m）
65~100	3.5
125~200	4.2
250~315	5.0

（2）管道支架、吊架的安装位置不应妨碍喷头的喷水效果；管道支架、吊架与喷头之间的距离不宜小于 300mm；与末端喷头之间的距离不宜大于 750mm。

（3）配水支管上每一直管段、相邻两喷头之间的管段设置的吊架均不宜少于 1 个，吊架的间距不宜大于 3.6m。

（4）当管道的公称直径等于或 大于 50mm 时，每段配水干管或配水管设置防晃支架不应少于 1 个，且防晃支架的间距不宜大于 15m；当管道改变方向时，应增设防晃支架，如图 4-7 所示。

（5）竖直安装的配水干管除中间用管卡固定外，还应在起始端和终端设防晃支架或采用管卡固定，其安装位置距地面或楼面的距离宜为 1.5~1.8m。

（6）管道穿过建筑物的变形缝时，应采取抗变形措施。穿过墙体或楼板时，应加设

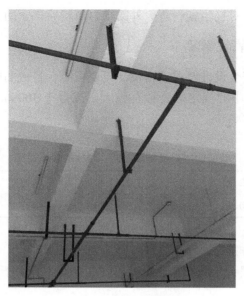

图 4-7   喷淋管防晃支架

套管，套管长度不得小于墙体厚度，穿过楼板的套管其顶部应高出装饰地面 20mm；穿过卫生间或厨房楼板的套管，其顶部应高出装饰地面 50mm，且套管底部应与楼板底面相平。套管与管道的间隙应采用不燃材料填塞密实。如图 4-8 所示。

图 4-8   管道穿越变形缝抗变形措施

管道横向安装宜设 2‰~5‰的坡度，且应坡向排水管；当局部区域难以利用排水管将水排净时，应采取相应的排水措施。当喷头数量小于或等于 5 只时，可在管道低凹处加设堵头；当喷头数量大于 5 只时，宜装设带阀门的排水管。

配水干管、配水管应做红色或红色环圈标志。红色环圈标志，宽度不应小于 20mm，间隔不宜大于 4m，在一个独立的单元内环圈不宜少于 2 处。

管网在安装中断时，应将管道的敞口封闭。

4.1.1.3　管道安装

1. 涂覆钢管

涂覆钢管的安装应符合下列有关规定：

（1）涂覆钢管严禁剧烈撞击或与尖锐物品碰触，不得抛、摔、滚、拖；

（2）不得在现场进行焊接操作；

（3）涂覆钢管与铜管、氯化聚氯乙烯（PVC-C）管连接时，应采用专用过渡接头。

2. 不锈钢管

不锈钢管的安装应符合下列有关规定：

（1）薄壁不锈钢管与其他材料的管材、管件和附件相连接时，应有防止电化学腐蚀措施。

（2）公称直径为 DN25~50 的薄壁不锈钢管道与其他材料的管道连接时，应采用专用螺纹转换连接件（如环压或卡压式不锈钢管的螺纹转换接头）连接。

（3）公称直径为 DN65~100 的薄壁不锈钢管道与其他材料的管道连接时，宜采专用法兰转换连接件连接。

（4）公称直径 DN≥125 的薄壁不锈钢管道与其他材料的管道连接时，宜采用沟槽式管件连接或法兰连接。

3. 铜管

铜管的安装应符合下列有关规定：

（1）硬钎焊可用于各种规格铜管与管件的连接；管径不大于 DN50、需拆卸的铜管，可采用卡套连接；管径不大于 DN50 的铜管，可采用卡压连接；管径不小于 DN50 的铜管，可采用沟槽连接。

（2）管道支承件宜采用铜合金制品。当采用钢件支架时，管道与支架之间应设软性隔垫，隔垫不得对管道产生腐蚀。

（3）当沟槽连接件为非铜材质时，其接触面应采取必要的防腐措施。

4. 氯化聚氯乙烯管

氯化聚氯乙烯（PVC-C）管道的安装应符合下列有关规定：

（1）氯化聚氯乙烯（PVC-C）管材与氯化聚氯乙烯（PVC-C）管件的连接，应采用承插式粘接连接；氯化聚氯乙烯（PVC-C）管材与法兰式管道、阀门及管件的连接，应采用氯化聚氯乙烯（PVC-C）法兰与其他材质法兰对接连接；氯化聚氯乙烯（PVC-C）

管材与螺纹式管道、阀门及管件的连接，应采用内丝接头的注塑管件螺纹连接；氯化聚氯乙烯（PVC-C）管材与沟槽式（卡箍）管道、阀门及管件的连接，应采用沟槽（卡箍）注塑管件连接。

（2）粘接连接应选用与管材、管件相兼容的粘接剂，粘接连接宜在 4～38℃ 的环境温度下操作，接头粘接不得在雨中或水中施工，并应远离火源，避免阳光直射。

5. 消防洒水软管

消防洒水软管（图 4-9）的安装应符合下列有关规定：

图 4-9　消防洒水软管

（1）消防洒水软管出水口的螺纹应和喷头的螺纹标准一致。

（2）消防洒水软管安装弯曲时，应大于软管标记的最小弯曲半径。

（3）消防洒水软管应安装相应的支架系统进行固定，确保连接喷头处锁紧。

（4）消防洒水软管波纹段与接头处 60mm 之内不得弯曲。

（5）应用在洁净室区域的消防洒水软管应采用全不锈钢材料制作的编织网型式焊接软管，不得采用橡胶圈密封的组装型式的软管。

（6）应用在风烟管道处的消防洒水软管应采用全不锈钢材料制作的编织网型式焊接型软管，且应安装配套防火底座和与喷头响应温度对应的自熔密封塑料袋。

4.1.2　喷头的安装

喷头，又称为洒水喷头，它是自动喷水灭火系统的重要组成部分和响应火灾的核心部件。它是在热的作用下，在预定的温度方位内自行启动，或根据火灾信号由控制设备启动，并按设计的洒水形状和流量洒水的一种喷水装置。

按结构形式分，喷头通常分为开式喷头和闭式喷头。如图 4-10 所示。

按热敏元件分，喷头通常分为易熔元件喷头和玻璃球喷头。如图 4-11 所示。

图 4-10　开式喷头和闭式喷头

图 4-11　易熔元件喷头和玻璃球喷头

按安装方式分，喷头通常分为直立型喷头、下垂型喷头、边墙型喷头、通用型喷头、旋转型喷头等。如图 4-12 所示。

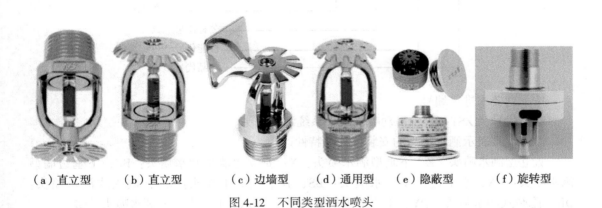

（a）直立型　　（b）直立型　　（c）边墙型　　（d）通用型　　（e）隐蔽型　　（f）旋转型

图 4-12　不同类型洒水喷头

4.1.2.1　喷头的现场检验

必须符合下列要求：

（1）喷头的商标、型号、公称动作温度、响应时间指数（RTI）、制造厂及生产日期等标志应齐全。如图 4-13 所示。

图 4-13　带型号信息的喷头

洒水喷头的型号编制方法如下：

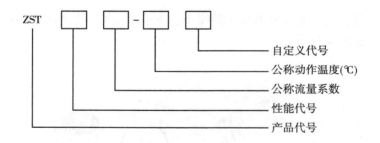

按下列要求进行编号：

产品代号为 ZST，表示自动喷水灭火系统洒水喷头。

性能代号表示洒水喷头的安装位置等特性。

直立型洒水喷头：Z；下垂型洒水喷头：X；直立边墙型洒水喷头：BZ；下垂边墙型洒水喷头：BX；水平边墙型洒水喷头：BS；齐平式洒水喷头：DQ；嵌入式洒水喷头：DR；隐蔽式洒水喷头：DY；干式下垂型洒水喷头：GX；干式直立型洒水喷头：GZ。

快速响应洒水喷头、特殊响应洒水喷头、扩大覆盖面积洒水喷头在产品代号前分别加"K""T""EC"，并以"-"与产品代号间隔。标准响应洒水喷头在产品代号前不加代号。

自定义代号由制造商规定，用于表征热敏元件的类型、产品特殊结构等信息，由大写英文字母、阿拉伯数字或其组合构成，字符不宜超过 3 个。

【例 1】ZSTX80-93℃ Q5 表示标准响应、下垂安装，公称流量系数为 80，公称动作温度为93℃，热敏元件为φ5mm玻璃球的喷头。

【例2】 11-ZSTZ115-74℃ YS 表示快速响应、直立安装，公称流量系数为115，公称动作温度为74℃，热敏元件为易熔合金，带防水罩的喷头。

喷头公称的动作温度和颜色标志见表4-5。

表 4-5 **喷头公称动作温度和颜色标志**

玻璃球洒水喷头		易熔元件洒水喷头	
公称动作温度（℃）	色标	公称动作温度（℃）	色标
57	橙	57~77	无须标志
68	红	80~107	白
79	黄	121~149	蓝
93	绿	163~191	红
107	绿	204~246	绿
121	蓝	260~302	橙
141	蓝	320~343	橙
163	紫	—	—
182	紫	—	—
204~343	黑	—	—

（2）喷头外观应无加工缺陷和机械损伤。

（3）喷头螺纹密封面应无伤痕、毛刺、缺丝或断丝现象。

（4）闭式喷头应进行密封性能试验，以无渗漏、无损伤为合格。

试验数量应从每批中抽查1%，并不得少于5只，试验压力应为3.0MPa，保压时间不得少于3min。当两只及两只以上不合格时，不得使用该批喷头。当仅有一只不合格时，应再抽查2%，并不得少于10只，并重新进行密封性能试验；当仍有不合格时，亦不得使用该批喷头。

4.1.2.2　喷头的选择

设置闭式系统的场所，喷头最大允许设置高度应遵循"使喷头及时受热开放，并使开放喷头的洒水有效覆盖起火范围"这一原则。喷头的最大允许设置高度由喷头类型、建筑使用功能等因素综合确定。

设置闭式系统的场所，洒水喷头类型和场所的最大净空高度应符合表4-6中的规定；仅用于保护室内钢屋架等建筑构件的洒水喷头和设置货架内置洒水喷头的场所，可不受表4-6中规定的限制。

表 4-6　　　　　　　　　　　民用建筑洒水喷头类型和场所净空高度

设置场所		喷头类型			场所净空高度（m）
		一只喷头的保护面积	响应时间性能	流量系数 K	
民用建筑	普通场所	标准覆盖面积洒水喷头	快速响应喷头 特殊响应喷头 标准响应喷头	$K \geqslant 80$	$H \leqslant 8$
		扩大覆盖面积洒水喷头	快速响应喷头	$K \geqslant 80$	
	高大空间场所	标准覆盖面积洒水喷头	快速响应喷头	$K \geqslant 115$	$8 < H \leqslant 12$
		非仓库型特殊应用喷头			
		非仓库型特殊应用喷头			$12 < H \leqslant 18$

闭式系统的洒水喷头，其公称动作温度宜高于环境最高温度30℃。

（1）湿式系统的洒水喷头选型应符合下列规定：

①不做吊顶的场所，当配水支管布置在梁下时，应采用直立型洒水喷头；

②吊顶下布置的洒水喷头，应采用下垂型洒水喷头或吊顶型洒水喷头；

③顶板为水平面的轻危险级、中危险级Ⅰ级住宅建筑、宿舍、旅馆建筑客房、医疗建筑病房和办公室，可采用边墙型洒水喷头；

④易受碰撞的部位，应采用带保护罩的洒水喷头或吊顶型洒水喷头；

⑤顶板为水平面，且无梁、通风管道等障碍物影响喷头洒水的场所，可采用扩大覆盖面积洒水喷头；

⑥住宅建筑和宿舍、公寓等非住宅类居住建筑宜采用家用喷头；

⑦不宜选用隐蔽式洒水喷头；确需采用时，应仅适用于轻危险级和中危险级Ⅰ级场所。

（2）干式系统、预作用系统应采用直立型洒水喷头或干式下垂型洒水喷头。

（3）水幕系统的喷头选型：防火分隔水幕应采用开式洒水喷头或水幕喷头；防护冷却水幕应采用水幕喷头。

（4）防火分隔水幕的作用是阻断烟和火的蔓延，当使水幕形成密集喷洒的水墙时，要求采用洒水喷头；当使水幕形成密集喷洒的水帘时，要求采用开口向下的水幕喷头。防火分隔水幕也可以同时采用上述两种喷头并分排布置。防护冷却水幕则要求采用将水喷向保护对象的水幕喷头。

（5）自动喷水防护冷却系统可采用边墙型洒水喷头。防护冷却系统主要与防火卷帘、防火玻璃墙等防火分隔设施配合使用，其喷头布置时应将水直接喷向保护对象，因此可采用边墙型洒水喷头。

（6）下列场所宜采用快速响应洒水喷头：

①公共娱乐场所、中庭环廊；

②医院、疗养院的病房及治疗区域，老年、少儿、残疾人的集体活动场所；

③超出消防水泵接合器供水高度的楼层；

④地下商业场所。

当采用快速响应洒水喷头时，系统应为湿式系统。

（7）同一隔间内应采用相同热敏性能的洒水喷头。

（8）雨淋系统的防护区内应采用相同的洒水喷头。

（9）自动喷水灭火系统应有备用洒水喷头，其数量不应少于总数的 1%，且每种型号均不得少于 10 只。

（10）洒水喷头应符合下列规定：

①喷头间距应满足有效喷水和使可燃物或保护对象被全部覆盖的要求；

②喷头周围不应有遮挡或影响洒水效果的障碍物；

③系统水力计算最不利点处喷头的工作压力应大于或等于 0.05MPa；

④腐蚀性场所和易产生粉尘、纤维等的场所内的喷头，应采取防止喷头堵塞的措施；

⑤建筑高度大于 100m 的公共建筑，其高层主体内设置的自动喷水灭火系统应采用快速响应喷头；

⑥局部应用系统应采用快速响应喷头。

4.1.2.3　喷头的安装

（1）喷头安装必须在系统试压、冲洗合格后进行。

（2）喷头安装时，不应对喷头进行拆装、改动，并严禁给喷头、隐蔽式喷头的装饰盖板附加任何装饰性涂层。

（3）喷头安装应使用专用扳手，严禁利用喷头的框架施拧；喷头的框架、溅水盘产生变形或释放元件损伤时，应采用规格、型号相同的喷头更换。

（4）安装在易受机械损伤处的喷头，应加设喷头防护罩。

（5）喷头安装时，溅水盘与吊顶、门、窗、洞口或障碍物的距离应符合设计要求。

（6）安装前，检查喷头的型号、规格、使用场所应符合设计要求。系统采用隐蔽式喷头时，配水支管的标高和吊顶的开口尺寸应准确控制。

（7）当喷头的公称直径小于 10mm 时，应在配水干管或配水管上安装过滤器。

当喷头溅水盘高于附近梁底或高于宽度小于 1.2m 的通风管道、排管、桥架腹面时，标准喷头溅水盘高于梁底、通风管道、排管、桥架腹面的最大垂直距离应符合表 4-7 的规定，喷头与梁等障碍物的距离，见图 4-14。

表 4-7　喷头溅水盘高于梁底、通风管道腹面的最大垂直距离（标准直立与下垂喷头）

喷头与梁、通风管道、排管、桥架的水平距离 a（mm）	喷头溅水盘高于梁底、通风管道、排管、桥架腹面的额最大垂直距离 b（mm）
$a<300$	0
$300 \leqslant a<600$	60
$600 \leqslant a<900$	140
$900 \leqslant a<1200$	240

续表

喷头与梁、通风管道、排管、 桥架的水平距离 a（mm）	喷头溅水盘高于梁底、通风管道、排管、 桥架腹面的额最大垂直距离 b（mm）
1200≤a<1500	350
1500≤a<1800	450
1800≤a<2100	600
a≥2100	880

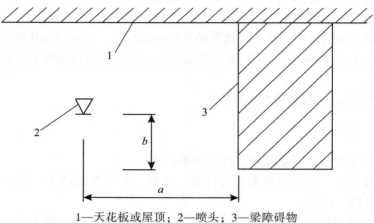

1—天花板或屋顶；2—喷头；3—梁障碍物

图 4-14　喷头与梁等障碍物的距离

　　当梁、通风管道、排管、桥架宽度大于 1.2m 时，增设的喷头应安装在其腹面以下部位，如图 4-15 所示。

图 4-15　风管底下增设喷头

下垂式早期抑制快速响应（ESFR）喷头溅水盘与顶板的距离应为 150～360mm。直立式早期抑制快速响应（ESFR）喷头溅水盘与顶板的距离应为 100～150mm。

早期抑制快速响应喷头的设置场所仅用于保护高堆垛与高货架仓库，仓储货物的顶部和喷头溅水盘的距离不小于 0.9m。

4.1.3　报警阀组的安装

报警阀组是自动喷水灭火系统的关键组件之一，它在系统中起着启动系统、确保灭火用水畅通、发出报警信号的关键作用。

4.1.3.1　报警阀组安装一般规定

（1）报警阀组的安装应在供水管网试压，冲洗合格后进行。安装时，应先安装水源控制阀、报警阀，然后进行报警阀辅助管道的连接。

（2）水源控制阀、报警阀与配水干管的连接，应使水流方向一致。

（3）水源控制阀是控制喷水灭火系统供水的开、关阀，安装时，既要确保操作方便，又要有开、闭位置的明显标志，它的开启位置是决定系统在喷水灭火时消防用水能否畅通，从而满足要求的关键。在系统调试合格后，系统处于准工作状态时，水源控制阀应处于全开的常开状态，为防止意外和人为关闭控制阀的情况发生，水源控制阀必须设置可靠的锁定装置，将其锁定在常开位置；同时还宜设置指示信号设施与消防控制中心或保卫值班室连通，一旦水源控制阀被关闭，应及时发出报警信号，值班人员应及时检查原因，并使其处于正常状态。

（4）报警阀组应安装在便于操作的明显位置，距室内地面高度宜为 1.2m；两侧与墙的距离不应小于 0.5m；正面与墙的距离不应小于 1.2m；报警阀组凸出部位之间的距离不应小于 0.5m。安装报警阀组的室内地面应有排水设施，排水能力应满足报警阀调试、验收和利用试水阀门泄空系统管道的要求。

4.1.3.2　报警阀组附件的安装

报警阀组附件的安装应符合下列要求：
（1）压力表应安装在报警阀上便于观测的位置。
（2）排水管和试验阀应安装在便于操作的位置。
（3）水源控制阀安装应便于操作，且应有明显开闭标志和可靠的锁定设施。

4.1.3.3　湿式报警阀组

湿式报警阀组是自动喷水湿式灭火系统两大关键组件之一，如图 4-16 所示，其安装应符合下列要求：
（1）应使报警阀前后的管道中能顺利充满水，压力波动时，水力警铃不应发生误报警；
（2）报警水流通路上的过滤器应安装在延迟器前，且便于排渣操作的位置。

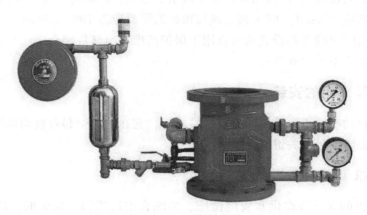

图 4-16　湿式报警阀组

4.1.3.4　干式报警阀组的安装

干式报警阀组的安装应符合下列要求：

（1）应安装在不发生冰冻的场所。

（2）安装完成后，应向报警阀气室注入高度为 50~100mm 的清水。

（3）充气连接管接口应在报警阀气室充注水位以上部位，且充气连接管的直径不应小于 15mm；止回阀、截止阀应安装在充气连接管上。

（4）气源设备的安装应符合设计要求和国家现行有关标准的规定。

（5）安全排气阀应安装在气源与报警阀之间，且应靠近报警阀。

4.1.3.5　雨淋阀组的安装

雨淋阀组的安装应符合下列要求：

（1）雨淋阀组可采用电动开启、传动管开启或手动开启，开启控制装置的安装应安全可靠。水传动管的安装应符合湿式系统有关要求。

（2）预作用系统雨淋阀组后的管道若需充气，其安装应按干式报警阀组有关要求进行。

（3）雨淋阀组的观测仪表和操作阀门的安装位置应符合设计要求，并应便于观测和操作。

4.1.4　其他组件的安装

4.1.4.1　阀门及其附件的现场检验

阀门及其附件现场检验时应符合下列要求：

（1）阀门的商标、型号、规格等标志应齐全，阀门的型号、规格应符合设计要求。

（2）阀门及其附件应配备齐全，不得有加工缺陷和机械损伤。

（3）报警阀除应有商标、型号、规格等标志外，尚应有水流方向的永久性标志。

（4）报警阀和控制阀的阀瓣及操作机构应动作灵活、无卡涩现象，阀体内应清洁、无异物堵塞。

（5）水力警铃的铃锤应转动灵活、无阻滞现象；传动轴密封性能好，不得有渗漏水现象。

（6）报警阀应进行渗漏试验。试验压力应为额定工作压力的 2 倍，保压时间不应小于 5min，阀瓣处应无渗漏。

（7）压力开关、水流指示器、自动排气阀、减压阀、泄压阀、多功能水泵控制阀、止回阀、信号阀、水泵接合器及水位、气压、阀门限位等自动监测装置应有清晰的铭牌、安全操作指示标志和产品说明书；水流指示器、水泵接合器、减压阀、止回阀、过滤器、泄压阀、多功能水泵控制阀应有水流方向的永久性标志；安装前，应进行主要功能检查。

4.1.4.2　水力警铃的安装

水力警铃安装总的要求是：保证系统启动后能及时发出设计要求的声强强度的声响报警，其报警能及时被值班人员或保护场所内其他人员发现，平时能够检测水力报警装置功能是否正常。

水力警铃应安装在公共通道或值班室附近的外墙上，且应安装检修、测试用的阀门。水力警铃和报警阀的连接应采用热镀锌钢管，当镀锌钢管的公称直径为 20mm 时，其长度不宜大于 20m；安装后的水力警铃启动时，警铃声强度应不小于 70dB。

4.1.4.3　水流指示器的安装

水流指示器是一种由管网内水流作用启动、能发出电讯号的组件，常用于湿式灭火系统中，作电报警设施和区域报警用。

（1）水流指示器的安装应在管道试压和冲洗合格后进行，其规格、型号应符合设计要求。

（2）水流指示器应使电器元件部位竖直安装在水平管道上侧，其动作方向应和水流方向一致；安装后的水流指示器桨片、膜片应动作灵活，不应与管壁发生碰擦。

4.1.4.4　信号阀的安装

信号阀应安装在水流指示器前的管道上，与水流指示器之间的距离不宜小于 300mm。

4.1.4.5　末端试水装置的安装

末端试水装置的真正功能是检验系统启动、报警和利用系统启动后的特性参数组成联动控制装置等的功能是否正常。

末端试水装置一般由连接管、压力表、控制阀及排水管组成，有条件的也可采用远传压力、流量测试装置和电磁阀组成。总的安装要求是便于检查、试验，检测结果可靠。如图 4-17 所示。

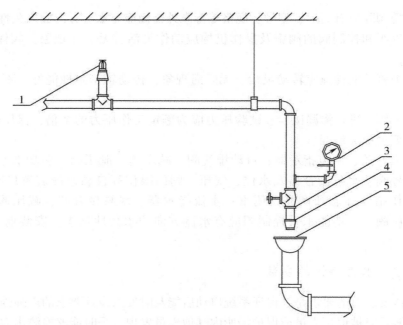

1—最不利点处喷头；2—压力表；3—试水阀；4—试水接头；5—排水漏斗

图 4-17 末端试水装置安装示意图

末端试水装置和试水阀的安装位置应便于检查、试验，并应有相应排水能力的排水设施。

4.1.4.6 排气阀的安装

排气阀的安装应在系统管网试压和冲洗合格后进行；排气阀应安装在配水干管顶部、配水管的末端，且应确保无渗漏。

4.1.4.7 压力开关的安装

压力开关是自动喷水灭火系统中常采用的一种较简便的能发出电信号的组件，压力开关、信号阀、水流指示器的引出线应用防水套管锁定。

4.1.4.8 减压阀的安装

减压阀的安装应符合下列要求：

（1）安装应在供水管网试压、冲洗合格后进行。

（2）安装前应检查：其规格型号应与设计相符；阀外控制管路及导向阀各连接件不应有松动；外观应无机械损伤，并应清除阀内异物。

（3）减压阀水流方向应与供水管网水流方向一致。

（4）应在进水侧安装过滤器，并宜在其前后安装控制阀。

（5）可调式减压阀宜水平安装，阀盖应向上。

（6）比例式减压阀宜垂直安装；当水平安装时，单呼吸孔减压阀其孔口应向下，双呼吸孔减压阀其孔口应呈水平位置。

（7）安装自身不带压力表的减压阀时，应在其前后相邻部位安装压力表。

4.1.4.9 多功能水泵控制阀的安装

多功能水泵控制阀的安装应符合下列要求：

（1）安装应在供水管网试压、冲洗合格后进行。

（2）安装前应检查：其规格型号应与设计相符；主阀各部件应完好；紧固件应齐全，无松动；各连接管路应完好，接头紧固；外观应无机械损伤，并应清除阀内异物。

（3）水流方向应与供水管网水流方向一致。

（4）出口安装其他控制阀时应保持一定间距，以便于维修和管理。

（5）宜水平安装，且阀盖向上。

（6）安装自身不带压力表的多功能水泵控制阀时，应在其前后相邻部位安装压力表。

（7）进口端不宜安装柔性接头

4.1.4.10 倒流防止器的安装

倒流防止器的安装应符合下列要求：

（1）应在管道冲洗合格以后进行。

（2）不应在倒流防止器的进口前安装过滤器或者使用带过滤器的倒流防止器。

（3）宜安装在水平位置，当竖直安装时，排水口应配备专用弯头。倒流防止器宜安装在便于调试和维护的位置。

（4）倒流防止器两端应分别安装闸阀，而且至少有一端应安装挠性接头。

（5）倒流防止器上的泄水阀不宜反向安装，泄水阀应采取间接排水方式，其排水管不应直接与排水管（沟）连接。

（6）安装完毕后首次启动使用时，应关闭出水闸阀，缓慢打开进水闸阀。待阀腔充满水后，缓慢打开出水闸阀。

任务4.2 自动喷水灭火系统的试压与冲洗

自动喷水灭火系统试压与冲洗的一般要求如下：

（1）自动喷水灭火系统在管网安装完毕后，必须对其进行强度试验、严密性试验和冲洗。

（2）强度试验和严密性试验宜用水进行。干式喷水灭火系统、预作用喷水灭火系统应做水压试验和气压试验。

（3）系统试压完成后，应及时拆除所有临时盲板及试验用的管道，并应与记录核对无误。

（4）水压试验和水冲洗宜采取用生活用水进行，不得使用海水或含有腐蚀性化学物质的水。

4.2.1　水压试验

4.2.1.1　水压强度试验

自动喷水灭火系统在进行水压强度试验前，应该对不能参与试压的仪表、设备、阀门及附件进行隔离或者拆除。对于加设临时盲板应准确，盲板的数量、位置应确定，以便于试验结束后将其拆除。

具体做法如下：当系统设计压力等于或者小于 1.0MPa 时，水压强度试验压力应是设计工作压力的 1.5 倍，并不应低于 1.4MPa；当系统设计工作压力大于 1.0MPa，水压强度试验压力应为工作压力加上 0.4MPa。做水压试验时，应考虑试验时的环境温度，如果环境温度低于 5℃时，水压试验时应该采取防冻措施。

水压强度试验的测试点应该设在系统管网的最低点。对管网注水时，应该将管网内的空气排净，并应缓慢升压，达到试验压力以后稳压 30min，观察管网应无泄漏和无变形，并且压降不应大于 0.05MPa。

4.2.1.2　水压严密性试验

自动喷水灭火系统在水压强度试验以后应进行系统的水压严密性试验。

1. 试验要求

（1）严密性试验应在水压强度试验和冲洗之后进行。
（2）试验压力应为设计工作压力。达到试验压力后，稳压 24h，管网应无泄漏。

2. 操作方法

采用试压装置进行试验，目测观察管网有无渗漏和测压用压力表压降。系统试压过程中出现管网渗漏或者压降较大时，停止试验，放空管网中试验用水；消除缺陷后，再重新试验。

自动喷水灭火系统水压强度试验和水压严密性试验除对系统管网进行试验外，也可将回填的水源干管、进户管和室内埋地管道等一并纳入试验范围；所有管网应全数测试。

4.2.2　气压试验

对于干式、湿式和预作用系统来讲，投入实施运行后，既要长期承受带压气体的作用，在火灾期间又要转换成临时高压水系统，由于水与空气或氮气的特性差异很大，所以只做一种介质的试验，不能代表另一种试验的结果。因此，这类系统还需要进行气压试验。

4.2.2.1　试验要求

气压严密性试验压力为 0.28MPa，且稳压 24h，压力降不应大于 0.01MPa。

4.2.2.2   气压试验的介质宜采用空气或氮气

空气或氮气作试验介质，既经济、方便，又安全可靠，且不会产生不良后果。实际施工现场大多采用压缩空气作试验介质。因氮气价格便宜，对金属管道内壁可起到保护作用，故对湿度较大的地区来说，采用氮气作试验介质，也是防止管道内壁锈蚀的有效措施。

4.2.2.3   操作方法

采用试压装置进行试验，目测观察测压用压力表的压降。系统试压过程中，压降超过规定时，停止试验，放空管网中试验气体；消除缺陷后，再重新试验。

4.2.3   冲洗

水冲洗是自动喷水灭火系统工程施工中一个重要工序，是防止系统堵塞、确保系统灭火效率的措施之一。

4.2.3.1   管道冲洗的一般要求

（1）管网冲洗应在试压合格后分段进行。

（2）冲洗顺序应先室外，后室内；先地下，后地上；室内部分的冲洗应按配水干管、配水管、配水支管的顺序进行。

（3）管网冲洗宜用水进行。冲洗前，应对系统的仪表采取保护措施。

（4）管网冲洗前，应对管道支架、吊架进行检查，必要时应采取加固措施。

（5）对不能经受冲洗的设备和冲洗后可能存留脏污物、杂物的管段，应进行清理。

（6）冲洗直径大于100mm的管道时，应对其死角和底部进行敲打，但不得损伤管道。

4.2.3.2   具体步骤

（1）管网冲洗的水流流速、流量不应小于系统设计的水流流速、流量。

（2）管网冲洗宜分区、分段进行；水平管网冲洗时，其排水管位置应低于配水支管。

（3）管网冲洗的水流方向应与灭火时管网的水流方向一致。

（4）管网冲洗应连续进行。当出口处水的颜色、透明度与入口处水的颜色、透明度基本一致时，冲洗方可结束。

（5）管网冲洗宜设临时专用排水管道，其排放应通畅和安全。排水管道的截面面积不得小于被冲洗管道截面面积的60%。

（6）管网的地上管道与地下管道连接前，应在配水干管底部加设堵头后对地下管道进行冲洗。

（7）管网冲洗结束后，应将管网内的水排除干净，必要时可采用压缩空气吹干，并加以封闭，这样可以避免管内生锈或再次遭受污染。

任务 4.3 自动喷水灭火系统的调试与验收

4.3.1 调试的准备工作

自动喷水灭火系统安装完毕后，在系统投入使用之前，要进行系统调试，自动喷水灭火系统的调试是工程顺利通过验收和投入使用，达到防范火灾目的的重要保证。调试过程中，系统出水通过排水设施全部排走。

系统调试应具备下列条件：

（1）消防水池、消防水箱已储存设计要求的水量。

（2）系统供电正常。

（3）消防气压给水设备的水位、气压符合设计要求。

（4）湿式喷水灭火系统管网内已充满水；干式、预作用喷水灭火系统管网内的气压符合设计要求；阀门均无泄漏。

（5）与系统配套的火灾自动报警系统处于工作状态。

调试的前提是检修自动喷淋系统管路，确保喷头全部装上喷头无损坏，无跑水隐患，管道支、吊架，防晃支架齐全可靠；将系统上各湿式报警阀和水流指示器前的阀门以及末端检验装置处的阀门均关上；水泵单机试运行已合格，稳压泵自动功能调试已完成，管路冲洗已合格；正式水源已准备好；联合调试前，应保证水流指示器、湿式报警阀的压力开关接线已完成，消防中心具备调试条件。

在系统调试之前，还应确保系统各组件、设备、管道、阀门正确的安装，不要出现管道堵塞等情况，检查压力开关的灵敏度，检查延迟器排水孔径和延迟器安装的密封性，避免水力警铃不响，压力开关不动作，尝试多个末端一起放水，看能否启动喷淋泵，检查管道中积聚的气体是否过多，避免不能打开报警阀、启动喷淋泵等情况发生，建议在一定情况下可以增加排气阀。

4.3.2 调试的内容和相关要求

调试内容主要有水源测试、消防水泵调试、稳压泵调试、报警阀调试、排水设施调试和联动试验。

4.3.2.1 水源测试

运用观察检查、通水试验、尺量检查及图纸观察等方法，对消防水源进行全数检查，避免消防流量不满足调试所需。

运用对照图纸观察和尺量检查的方法，按设计要求，核实所有的高位消防水箱、消防水池的容积，高位消防水箱设置高度、消防水池（箱）水位显示等应符合设计要求；合用水池、水箱的消防储水应有不做他用的技术措施。

消防水泵接合器的数量和供水能力应按设计要求进行核实，并应通过移动式消防水泵做供水试验进行验证。

4.3.2.2　消防水泵调试

调试前，应进行外观检查：电泵外表面应无明显的气孔、砂眼、毛刺等现象；电泵表面漆层光滑，厚度均匀；无污损、碰伤、裂痕等缺陷；电泵有明显的接地标志，且标志不易磨灭；铭牌数据是否齐全、正确；电缆规格是否正确。

用秒表检查的方法对消防水泵进行全数检查，以自动或手动方式启动消防水泵时，消防水泵应在 55s 内投入正常运行；以备用电源切换方式或备用泵切换启动消防水泵时，消防水泵应在 1min 或 2min 内投入正常运行。

消防水泵安装后，应进行现场性能测试，其性能应与生产厂商提供的数据相符，并应满足消防给水设计流量和压力的要求，消防水泵零流量时的压力不应超过设计工作压力的 140%；当出流量为设计工作流量的 150% 时，其出口压力不应低于设计工作压力的 65%。

4.3.2.3　稳压泵调试

当达到设计启动条件时，稳压泵应立即启动；当达到系统设计压力时，稳压泵应自动停止运行；稳压泵应能满足系统自动启动要求，当消防主泵启动时，稳压泵应停止运行。稳压泵在正常工作时每小时的启停次数应符合设计要求，稳压泵启停时系统压力应平稳，且稳压泵不应频繁启停。稳压泵应全数检查。

4.3.2.4　报警阀调试

湿式报警阀主要由供水总控制阀、报警阀阀体、压力表、试水阀、报警管路及其阀门、过滤器、延迟器、压力开关、水力警铃等附件组成。湿式报警阀调试前应系统充水，关闭湿式报警阀的泄放试验阀、报警管球阀；确认末端试水装置处于关闭状态，区域检修阀、供水信号蝶阀处于打开状态；打开水箱闸阀对系统管路进行充水。管路中水压稳定后，充水完成。打开报警管球阀，此时应无水从延迟器排出。确认供水闸阀处于打开状态后，整个系统即处于伺应状态。工作状态下湿式报警阀阀瓣上下管网内均充满压力水，报警阀后管路压力（上表压力）略高于报警阀前管路压力（下表压力）。调试时，按照湿式报警阀组、干式报警阀组、预作用装置、雨淋报警阀组各自特点进行调试。报警阀调试前，首先检查报警阀组组件，确保其组件齐全、装配正确，在确认安装符合消防设计要求和消防技术标准规定后，再进行调试。

湿式报警阀调试时，在末端装置处放水，当湿式报警阀进口水压大于 0.14MPa、放水流量大于 1L/s 时，报警阀应及时启动；带延迟器的水力警铃应在 5~90s 内发出报警铃声，不带延迟器的水力警铃应在 15s 内发出报警铃声；压力开关应及时动作，启动消防泵并反馈信号。

调试过程中，缓慢打开泄放试验阀，压力开关和水力警铃均应发出报警信号，水力警铃发出声音报警，压力开关动作并启动消防水泵和声光报警系统。关闭泄放试验阀，水力警铃应停止发出声音报警。打开试警铃球阀，压力开关和水力警铃应发出报警信号。打开任意保护区的末端试水装置，湿式报警阀应开启，压力开关和水力警铃均应发出报警信号。湿式报警阀应全数检查，检查方法是使用压力表、流量计、秒表和观察检查。

干式报警阀调试时，开启系统试验阀，报警阀的启动时间、启动点压力、水流到试验装置出口所需时间均应符合设计要求。干式报警阀应全数检查，检查方法是使用压力表、流量计、秒表、声强计和观察检查。

雨淋阀调试宜利用检测、试验管道进行。自动和手动方式启动的雨淋阀应在 15s 之内启动；调试公称直径大于 200mm 的雨淋阀时，应在 60s 之内启动。调试雨淋阀时，当报警水压为 0.05MPa 时，水力警铃应发出报警铃声。雨淋阀应全数检查，检查方法是使用压力表、流量计、秒表、声强计和观察检查。

4.3.2.5 排水设施调试

调试过程中，系统排出的水应通过排水设施全部排走。排水设施应全数检查，检查方法是观察检查。

4.3.2.6 联动试验

联动调试内容主要包括以下两方面内容：火灾自动报警系统与自动喷水灭火系统联锁功能调试；模拟灭火试验。其中，模拟灭火试验的成功与否，可表明自动喷水灭火系统的设备和安装质量是否符合国家有关规定的要求，系统投入运行后，是否可达到符合要求的准工作状态。模拟灭火试验的方法是：启动 1 只喷头或末端试水装置放水，水流指示器、压力开关、水力警铃和消防水泵能及时动作并发出相应信号。

联动试验应符合下列要求，并应按表 4-1 的要求进行记录。

表 4-1 **自动喷水灭火系统联动试验记录**

工程名称			建设单位		
施工单位			监理单位		
系统类型	启动信号（部位）	联动组件动作			
		名称	是否开启	要求动作时间	实际动作时间
湿式系统	末端试水装置	水流指示器		—	—
		湿式报警阀		—	—
		水力警铃		—	—
		压力开关		—	—
		水泵		—	—
水幕、雨淋系统	温与烟信号	雨淋阀		—	—
		水泵		—	—
	传动管启动	雨淋阀		—	—
		压力开关		—	—
		水泵		—	—

续表

系统类型	启动信号（部位）	联动组件动作			
		名称	是否开启	要求动作时间	实际动作时间
干式系统	模拟喷头动作	干式阀		—	—
		水力警铃		—	—
		压力开关		—	—
		充水时间			
		水泵			
预作用系统	模拟喷头动作	预作用阀			
		水力警铃		—	—
		压力开关		—	—
		充水时间			
		水泵			
参加单位	施工单位项目负责人：（签章）　　年　月　日	监理工程师：（签章）　　年　月　日		建设单位项目负责人：（签章）　　年　月　日	

（1）自动喷水灭火系统联动试验记录应由施工单位质量检查员填写，监理工程师（建设单位项目负责人）组织施工单位项目负责人等进行验收。

（2）湿式系统的联动试验，可启动1只喷头或以 0.94 ~ 1.5L/s 的流速从末端试水装置处放水时，水流指示器、报警阀、压力开关、水力警铃和消防水泵等应及时动作，并发出相应的信号。湿式系统应全数检查，检查方法是打开阀门放水、使用流量计和观察检查。

（3）预作用系统、雨淋系统、水幕系统的联动试验，可采用专用测试仪表或其他方式，对火灾自动报警系统的各种探测器输入模拟火灾信号，火灾自动报警控制器应发出声光报警信号，并启动自动喷水灭火系统；采用传动管启动的雨淋系统、水幕系统联动试验时，启动1只喷头，雨淋阀打开，压力开关动作，水泵启动，并有相应组件信号反馈。预作用系统、雨淋系统、水幕系统应进行全数检查，检查方法是观察检查。

（4）干式系统的联动试验，启动1只喷头或模拟1只喷头的排气量排气，报警阀应及时启动，压力开关、水力警铃动作，并发出相应信号。系统控制装置设置为"自动"控制方式，启动1只喷头或者模拟1只喷头的排气量排气，报警阀、压力开关、水力警铃和消防水泵等及时动作并有相应的组件信号反馈。干式系统应进行全数检查，检查方法是观察检查。

（5）自动喷水灭火系统施工完成后，可以重复若干次调试，每次调试过程中如发现问题，应及时停止调试并做好相关记录，在排除问题后方可再次调试，直至系统满足设计要求。

4.3.3　系统验收的资料

系统竣工后，必须进行工程验收，验收不合格不得投入使用。自动喷水灭火系统工程验收应参照表 4-2 的要求填写并补充完善，检查项目主要有：天然水源、消防水池、消防水箱、消防水泵、管网、水泵接合器、报警阀组、喷头。验收单位由建设单位、监理单位、设计单位、施工单位组成。

表 4-2　　　　　　　　　　　　自动喷水灭火系统工程验收记录

工程名称			分部工程名称			
施工单位			项目负责人			
监理单位			项目总监			

序号	检查项目名称	验收内容记录	验收标准	检查部位	检查数量	验收情况
1	天然水源	查看水质、水量、消防车取水高度	符合消防技术标准和消防设计文件要求			
		查看取水设施（码头、消防车道等）				
2	消防水池	查看设置位置				
		核对容量				
3	消防水箱	查看设置位置				
		核对容量				
		查看补水措施				
		水位显示				
4	消防水泵	查看规格、型号和数据				
		吸水方式				
		吸水、出水管及泄压阀、信号阀等的规格、型号				
		主、备电源切换				
		主、备泵启动				

自动喷水灭火系统是重要的消防设施，检查验收时必须仔细认真，抓住重点，抓住关键部位和关键设备，并能正确发现问题和指出问题的所在，为单位出谋划策，积极解决问题。检查验收的方法至关重要，一定要精心组织，认真实施。特别对较大工程项目，要编制方案明确分工，按照供水水源、消防泵房、消防水泵、报警阀组、管网、喷头及水泵接

合器等系统分组实施。

　　检查验收人员需要具备丰富的知识，熟悉自动喷水灭火系统的基本原理和相关规范，以便掌握检查、操作、使用、发现问题、分析问题和解决问题的技能。此外，检查验收人员还需要对消防业务保持精益求精的态度，具备出色的技术能力，以便解决遇到的问题和困难。检查验收人员需要熟悉自动喷水灭火系统的施工及验收规范，了解验收标准，并熟悉验收资料。

　　验收前的事先准备工作要做好，检查验收要有针对性。确定被检查验收单位是湿式，还是雨淋、预作用、水幕等系统；湿式系统单位是否有报警控制器，有高位箱还是气压供水设备；喷淋泵是从消防水池吸水，还是直接从市政管网上吸水。事先要看图纸、查资料。

　　自动喷水灭火系统验收时，施工单位应提供下列资料：

　　（1）竣工验收申请报告、设计变更通知书、竣工图。

　　（2）工程质量事故处理报告。

　　（3）施工现场质量管理检查记录。

　　（4）自动喷水灭火系统施工过程质量管理检查记录。

　　（5）自动喷水灭火系统质量控制检查资料。

　　（6）系统试压、冲洗记录。

　　（7）系统调试记录。

4.3.4　系统供水水源的检查验收

　　首先需要保证自动喷水灭火系统中不能吸入过多杂质，避免堵塞湿式报警阀瓣或阀座环槽中水力警铃的管孔，影响水力警铃和压力开关动作，产生误报警或不报警，或堵塞喷水灭火喷头，致使系统失效。系统供水水源的具体检查方法是：

　　（1）检查室外给水管网的进水管管径及供水能力，并检查高位消防水箱和消防水池容量，均应符合设计要求。

　　（2）当采用天然水源作系统的供水水源时，其水量、水质应符合设计要求，并应检查枯水期最低水位时确保消防用水的技术措施。

　　（3）消防水池水位显示装置，最低水位装置应符合设计要求。应进行全数检查，检查方法是对照设计资料观察检查。

　　另外，消防水池是储存消防用水的供水设施，其有效储水量应满足火灾延续时间内规定的消防用水量的要求。因此，首先要检查消防水池内喷淋泵吸水管上是否安装了过滤装置，过滤装置能否消除水池内杂物，以保证水泵吸入的水体不会对水泵造成损害。

　　其次要校核消防水池的有效储水容积，对合用的消防水池还应检查消防水量不被挪作他用的措施。对于自动引水设施可靠的消防泵，其消防不动用水容积，应按水池的正常水位至保证引水设施正常工作的最低水位的高差来计算，当多组消防泵在同一水池中吸水时，由于各泵允许的真空吸水高度不同，引水设备性能不同，各泵的保证引水设施正常工作的最低水位线，就会有高有低，此时应保证在整个火灾延续时间内的水池水位线，不低于最低水位线较高的泵组所要求的极限水位；当水池储水量不能在整个火灾延续时间内保证水池最低水位时，应采取补水措施来保证消防泵所需的最低水位，并校核补水措施能否保证各消防泵的正常启动 。

最后要检查消防水池的补水能力。检查从室外给水管网上接出并引至消防水池的补水管直径和数量，检查水池补水管上的浮球阀或液位控制阀的公称直径及数量阀的数量不少于 2 个，一用一备，每一个阀的公称直径不小于补水管直径。在校核补水量时，应以给水管网上接出的补水管的直径和数量为依据，如设计未给出补水流速时，宜按补水流速 1～2m/s 计算补水流量。开启补水管上的补水阀门并计时，当水池水位达到消防水位时为补水时间，该时间不应超过 48h；补水时，应观察浮球阀或液位控制阀的工作情况，水流是否平稳顺畅，在达到消防水位后应持续补水，直到浮球阀或液位控制阀完全关闭，检查阀的关闭是否严密。此后，通过泄水管或其他方式放水，观察浮球阀或液位控制阀能否自如地自动补水，自动关闭。

（4）高位消防水箱、消防水池的有效消防容积，应按出水管或吸水管喇叭口（或防止旋流器淹没深度）的最低标高确定。应全数进行检查，检查方法是对照图纸，尺量检查。

高位水箱的任务是为系统在火灾初期提供符合相应水压要求的消防用水量，应满足最不利点处喷头的最低工作压力和喷水强度的需要，因此，要检查消防水箱的安装环境，保证消防水箱储水在任何时候都不发生冰冻，如果在寒冷场所安装消防水箱，则应采取有效的防冻措施；水箱的设置应便于检修，并通风良好，不受污染。

然后是校核消防水箱的有效消防容积和系统最不利点喷头提供的压力。消防水箱的消防水容积大小是由《建筑设计防火规范》（GB 50016—2014，2018 年版）按建筑类别使用性质及室内消防用水量等因素综合决定，而不是按自动喷水灭火系统的系统用水量确定。校核时，主要检查高位消防水箱进水管浮球阀或液位控制阀开启时水箱水位至出水管中心线高度的水体容量是否符合要求，对于与生活合用的消防水箱，还应复核消防水的不动用容积和防止它用的措施是否符合要求。自动喷水灭火系统的高位水箱，如采用重力向系统最不利点处喷头提供工作压力来保证喷水强度，则水箱的最低水位线至最不利点处喷头之间的相对位差必须满足最不利点处喷头的最低工作压力和喷水强度。

最后要检查附属管道及附件是否符合要求。

4.3.5　消防泵房和消防水泵的验收

消防泵房必须认真检查重点监管，确保安全。在技术措施上要保障消防泵房间通风干燥，防止因潮湿使电器设备短路。消防泵的电器控制柜应当具备双电源末端自动切换功能，控制开关必须置于自动状态，消防泵的反馈信号必须由主回路接触器的辅助触点取得（主控制回路电源需在空气开关下取得），防止"假起动"反馈信号误导消防工作人员。

消防泵房的检查方法是对照图纸观察检查。验收应符合下列要求：

（1）消防泵房的建筑防火要求应符合相应的建筑设计防火规范的规定。

（2）消防泵房设置的应急照明、安全出口应符合设计要求。

（3）备用电源、自动切换装置的设置应符合设计要求。检查数量：全数检查。

消防水泵验收时，要注意一组消防水泵吸水管不应少于两条，当其中一条损坏或检修时，其余吸水管应仍能通过全部消防给水设计流量；消防水泵吸水管布置应避免形成气囊；一组消防水泵应设不少于两条的输水干管与消防给水环状管网连接，当其中一条输水管检修时，其余输水管应仍能供应全部消防给水设计流量；消防水泵吸水口的淹没深度应满足消防水泵在最低水位运行安全的要求，吸水管喇叭口在消防水池最低有效水位下的淹没深度应根据吸水管喇叭口的水流速度和水力条件确定，但不应小于 600mm，当采用旋流防止器时，淹没深度不应小于 200mm。

消防水泵的吸水管上应设置明杆闸阀或带自锁装置的蝶阀，但当设置暗杆阀门时，应设有开启刻度和标志；当管径超过 DN300 时，宜设置电动阀门；消防水泵的出水管上应设止回阀、明杆闸阀；当采用蝶阀时，应带有自锁装置；当管径大于 DN300 时，宜设置电动阀门；消防水泵吸水管的直径小于 DN250 时，其流速宜为 1~1.2m/s；直径大于 DN250 时，其流速宜为 1.2~1.6m/s；消防水泵出水管的直径小于 DN250 时，其流速宜为 1.5~2m/s；直径大于 DN250 时，其流速宜为 2~2.5m/s；消防水泵的吸水管、出水管道穿越外墙时，应采用防水套管；消防水泵的吸水管穿越消防水池时，应采用柔性套管；采用刚性防水套管时应在水泵吸水管上设置柔性接头，且管径不应大于 DN150。

消防水泵验收应符合下列要求：

（1）工作泵、备用泵、吸水管、出水管及出水管上的阀门、仪表的规格、型号、数量应符合设计要求；吸水管、出水管上的控制阀应锁定在常开位置，并有明显标记，应进行全数检查，检查方法是对照图纸观察检查。

（2）消防水泵应采用自灌式引水或其他可靠的引水措施，应进行全数检查，检查方法是观察和尺量检查。

（3）分别开启系统中的每一个末端试水装置和试水阀，水流指示器、压力开关等信号装置的功能应均符合设计要求。湿式自动喷水灭火系统的最不利点做末端放水试验时，自放水开始至水泵启动时间不应超过 5min。

（4）打开消防水泵出水管上试水阀，当采用主电源启动消防水泵时，消防水泵应启动正常；关掉主电源，主、备电源应能正常切换。备用电源切换时，消防水泵应在 1min或 2min 内投入正常运行。自动或手动启动消防泵时应在 55s 内投入正常运行，应进行全数检查，检查方法是观察检查。

（5）消防水泵停泵时，水锤消除设施后的压力不应超过水泵出口额定压力的 1.3~1.5 倍，应进行全数检查，检查方法是在阀门出口用压力表检查。

（6）对消防气压给水设备，当系统气压下降到设计最低压力时，通过压力变化信号应能启动稳压泵，应进行全数检查，检查方法是使用压力表和观察检查。

（7）消防水泵启动控制应置于自动启动挡，消防水泵应互为备用，应进行全数检查，检查方法是观察检查。

4.3.6　报警阀组的验收

报警阀的型号、规格等标志应齐全，阀门的型号、规格应符合要求。报警阀应有水流方向的永久性标志；报警阀和控制阀的阀瓣及操作机构应动作灵活，无卡涩现象，阀体内应清洁，无异物堵塞；水力警铃的铃锤应转动灵活、无阻滞现象；传动轴密封性能好，不设有渗漏水现象。压力开关、控制阀等应用清晰的铭牌，资料与实物一致；报警阀组的安装顺序应符合要求，水源控制阀、报警阀组与配水干管的连接，应与水流方向一致。报警阀组应安装在便于操作的明显位置，距室内地面高 1.2m，两侧与墙的距离不应小于 0.5m，正面与墙的距离不应小于 1.2m。报警阀水流通路上的过滤器应安装在延迟器前，且便于排渣操作的位置。具体验收方法是：

（1）报警阀组的各组件应符合产品标准要求，应进行全数检查，检查方法是观察检查。

湿式报警阀下压表的水压决定保护楼层高度。通过检查报警阀，可以纵观整个单位的管网压力是否正常，被保护建筑最不利点范围内的水压是否达到规定要求，判断高位水箱是否有水，水箱出水管是否关闭，或管道连接是否有错误，稳压泵是否工作，压力调节是否适当。现场放水还可判断压力开关是否失灵。

（2）打开系统流量压力检测装置放水阀，测试的流量、压力应符合设计要求，应进行全数检查，检查方法是使用流量计、压力表观察检查。

（3）水力警铃的设置位置应正确。测试时，水力警铃喷嘴处压力不应小于 0.05MPa，且距水力警铃 3m 远处警铃声声强不应小于 70dB，应进行全数检查，检查方法是打开阀门放水，使用压力表、声级计和尺量检查。

水力警铃是一种利用水流冲击力发出声响的报警装置。当发生火灾后，报警阀开启的同时，水力警铃会迅速发出报警信号，以利于通知人员及时疏散或扑救火灾。如果泵房与系统保护场所距离较远，而水力警铃仍安装在泵房内，则火灾发生后起不到报警作用。因此，验收时应注意水力警铃须安装在公共通道或值班室附近的外墙上。

（4）打开手动试水阀或电磁阀时，雨淋阀组动作应可靠。

（5）控制阀均应锁定在常开位置，应进行全数检查，检查方法是观察检查。

（6）空气压缩机或火灾自动报警系统的联动控制，应符合设计要求。

（7）打开末端试（放）水装置，当流量达到报警阀动作流量时，湿式报警阀和压力开关应及时动作，带延迟器的报警阀应在 90s 内压力开关动作，不带延迟器的报警阀应在 15s 内压力开关动作。通过末端放水，可以查看喷淋管网是否通畅，水流指示器、水力警铃、压力开关能否报警，压力开关能否起泵。末端放水最终要启动喷淋泵，当放水超过 90s 后，喷淋泵仍未启动时，需要进一步了解和排查，稍加纠正就可达到正常工作要求。

末端试水装置应设置试水接头。如果没有安装试水接头，其开启后的水流量不能代表一只喷头开启的效果，因此，在验收时就不能准确地测试系统能否在开放一只喷头的最不利条件下可靠报警并正常启动。

末端试水装置和试水阀处应设置排水设施。末端试水装置的出水应采取孔口出流的方式排入管道。

（8）雨淋报警阀动作后 15s 内压力开关动作。

4.3.7 管网验收

管网安装前，应校直管道，并清除管道内部的杂物，管道支架吊架、防晃支架的型式、材质、加工尺寸及焊接质量等应符合设计要求和国家现行有关标准的规定。

配水干管，配水管应做红色或红色环/标志。管网应用水进行清洗，冲洗水流速度应达到 3m/s，冲洗应按照冲洗方案连续进行，以出水口的水色透明度与入口处的目测情况基本一致为合格，水冲洗的水流方向应与火灾时系统运行的水流方向一致。

管网验收的具体方法是：

（1）管道的材质、管径、接头、连接方式及采取的防腐、防冻措施应符合设计规范及设计要求。

（2）管网排水坡度及辅助排水设施应符合规范的规定，检查方法是水平尺和尺量检查。

（3）系统中的末端试水装置、试水阀、排气阀应符合设计要求。

（4）管网不同部位安装的报警阀组、闸阀、止回阀、电磁阀、信号阀、水流指示器、减压孔板、节流管、减压阀、柔性接头、排水管、排气阀、泄压阀等，均应符合设计要求。报警阀组、压力开关、止回阀、减压阀、泄压阀、电磁阀全数检查，合格率应为100%；闸阀、信号阀、水流指示器、减压孔板、节流管、柔性接头、排气阀等抽查设计数量的 30%，数量均不少于 5 个，合格率应为 100%。检查方法是对照图纸观察检查。

（5）干式系统、由火灾自动报警系统和充气管道上设置的压力开关开启预作用装置的预作用系统，其配水管道充水时间不宜大于 1min；雨淋系统和仅由火灾自动报警系统联动开启预作用装置的预作用系统，其配水管道充水时间不宜大于 2min。应进行全数检查，检查方法是通水试验，用秒表检查。

4.3.8　喷头验收

喷头的选型、安装方式和方位合理与否，将直接影响喷头的动作时间和布水效果。当设置场所不设吊顶，且配水管道沿梁下布置时，火灾热气流将在上升至顶板后水平蔓延，此时只有向上安装的直立型喷头，才能与热气流尽早接触，并加热喷头热敏元件；当设置场所设有吊顶时，喷头将紧贴在吊顶下布置，或埋设在吊顶内，因此适合采用下垂型或吊顶型喷头，否则吊顶将阻挡洒水分布。另外，喷头的型号未根据建筑物的实际情况正确选用，也会影响布水效果。能否合理的布置喷头，将决定喷头能否及时动作和按规定强度喷水。

闭式喷头施工安装后，应采取相应保护措施，避免水泥砂浆、涂料、油漆等附着在闭式喷头的感温元件上，造成闭式喷头不能正常感温，延长灭火动作时间。喷头的具体验收方法是：

（1）喷头设置场所、规格 、型号、公称动作温度、响应时间指数（RTI）应符合设计要求。检查数量：抽查设计喷头数量 10%，总数不少于 40 个，合格率应为 100%。检查方法是对照图纸尺量检查。

（2）喷头安装间距，喷头与楼板、墙、梁等障碍物的距离应符合设计要求。抽查设计喷头数量 5%，总数不少于 20 个，距离偏差为 ±15mm，合格率不小于 95% 时为合格。检验方法是对照图纸尺量检查。

（3）对有腐蚀性气体的环境和有冰冻危险场所安装的喷头应采取防护措施，应进行全数检查，检查方法是观察检查。

（4）对有碰撞危险场所安装的喷头应加设防护罩，应进行全数检查，检查方法是观察检查。

（5）各种不同规格的喷头均应有一定数量的备用品，其数量不应小于安装总数的1%，且每种备用喷头不应少于 10 个。

（6）喷头外观应无加工缺陷和机械损伤，喷头螺纹密封面应无伤痕、毛刺缺丝或断丝现象，闭式喷头应进行密封性能试验，以无渗漏、无损伤为合格。

（7）必须采用合格的新喷头。改建的系统必须采用与原系统同型号、同规格的新喷头，或者是适用于该改建系统的合格新喷头，不得使用拆装下来的旧喷头；喷头安装时，不得对喷头进行拆装、改动，并严禁给喷头附加维护装饰性涂层；应检查喷头安装的溅水盘与吊顶、门、窗、洞口或障碍物的距离应符合设计及规范要求。

4.3.9　水泵接合器及进水管验收

水泵接合器数量及进水管位置应符合设计要求，消防水泵接合器应进行充水试验，且系统最不利点的压力、流量应符合设计要求。应进行全数检查，检查方法是使用流量计、压力表和观察检查。

水泵接合器的主要用途是，当室内消防水泵发生故障或遇大火室内消防用水不足时，供消防车从室外消火栓取水，通过水泵接合器将水送到室内消防给水管网，供灭火使用。水泵接合器的设置要便于消防车和消防人员使用，特别要注意水泵接合器的设置位置，不应由于建筑物上部掉落东西而影响供水人员的安全，比如，设置在墙体上的水泵接合器应避开玻璃幕墙。

水泵接合器应安装在室外，离水源（如室外消火栓，消防水池取水口）距离宜为15~40m，而且应设在便于消防车使用的地点，水泵接合器之间应有足够的使用间距，并有明显的指示服务于系统的永久性标志。水泵接合器应与自动喷水灭火系统的供水管道相连接。水泵接合器的组件应齐全，组件之间的顺序应是：水泵接合器泄水阀及短管、止回阀、安全阀及其三通管、闸阀或蝶阀。

4.3.10　系统流量、压力，系统模拟灭火功能试验

系统流量、压力的验收，应通过系统流量压力检测装置进行放水试验，系统流量、压力应符合设计要求。应进行全数检查，检查方法是观察检查。

系统应进行系统模拟灭火功能试验，且应符合下列要求：

（1）报警阀动作，水力警铃应鸣响。应进行全数检查，检查方法是观察检查。

（2）水流指示器动作，应有反馈信号显示。应进行全数检查，检查方法是观察检查。

（3）压力开关动作，应启动消防水泵及与其联动的相关设备，并应有反馈信号显示。应进行全数检查，检查方法是观察检查。

（4）电磁阀打开，雨淋阀应开启，并应有反馈信号显示。应进行全数检查，检查方法是观察检查。

（5）消防水泵启动后，应有反馈信号显示。应进行全数检查，检查方法是观察检查。

（6）加速器动作后，应有反馈信号显示。应进行全数检查，检查方法是观察检查。

（7）其他消防联动控制设备启动后，应有反馈信号显示。应进行全数检查，检查方法是观察检查。

系统模拟灭火功能试验的主要目的是为了验证自动喷水灭火系统的可靠性，需要专业人员进行试验，确保安装的自动喷水灭火系统设备能够正常使用。

4.3.11　系统工程质量验收判定

系统工程质量验收判定应符合下列规定：

（1）系统工程质量缺陷应按《自动喷水灭火系统施工及验收规范》（GB 50261—2017）中的要求划分：严重缺陷项（A），重缺陷项（B），轻缺陷项（C）。

（2）系统验收合格判定的条件为：A = 0，且 B ≤ 2，且 B+C ≤ 6 为合格，否则为不合格。

项目 5　气体灭火系统

◎ **知识目标：**了解气体灭火系统的组成和分类，熟悉气体灭火系统各组件安装要求，掌握气体灭火系统调试、验收要求。

◎ **能力目标：**能够理解气体灭火系统的工作原理，会对气体灭火系统各组件进行安装，能够对气体灭火系统进行手、自动模拟启动调试。

◎ **素质目标：**培养科学的精神和态度，提高学生动手能力，养成自主动手、自主学习的习惯。

◎ **思政目标：**树立学生"忠于职守，严守规程"高度负责的职业道德精神，在本职岗位上尽职尽责，严谨认真、实事求是、团结协作的职业素养。

气体灭火系统主要用于保护某些特定场合，是建筑物内安装的灭火设施中的一种重要形式。气体灭火系统的安装、调试及验收应符合《气体灭火系统施工及验收规范》（GB 50263—2007）的相关规定，同时应遵行其他相关规定及标准。气体灭火系统安装完成后，须取得消防验收合格意见书，消防管理员培训到位且考核合格后，方可接线和运行。

任务 5.1　气体灭火系统的安装

5.1.1　气体灭火系统概述

气体灭火系统是指平时灭火剂以液体、液化气体或气体状态存贮于压力容器内，灭火时以气体（包括蒸汽、气雾）状态喷射作为灭火介质的灭火系统。气体灭火系统是根据灭火介质而命名的，目前比较常用的气体灭火系统有二氧化碳灭火系统、七氟丙烷灭火系统、IG541 混合气体灭火系统等几种。

气体灭火系统按应用方式分，可分为全淹没灭火系统和局部应用灭火系统；按系统结构特点分，可分为管网系统和无管网系统；按加压方式分，可分为自压式系统、内储压式系统、外储压式系统；按使用的灭火剂分，可分为二氧化碳灭火系统、七氟丙烷灭火系统、惰性气体灭火系统等。

气体灭火系统一般由灭火剂储存装置、选择阀及信号反馈装置、驱动装置、灭火剂输送管道、控制组件组成。图 5-1 和图 5-2 所示为气体灭火系统及其示意图。

气体灭火系统工程的施工单位应具有相应等级的资质，施工现场管理应有相应的施工技术标准、工艺规程及实施方案、健全的质量管理体系、施工质量控制及检验制度。气体灭火系统工程施工前应具备下列条件：

图 5-1 气体灭火系统

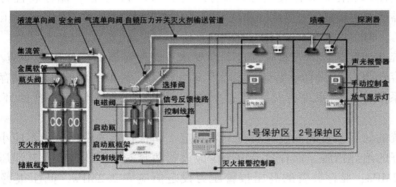

图 5-2 气体灭火系统示意图

（1）经批准的施工图、设计说明书及其设计变更通知单等设计文件应齐全。

（2）成套装置与灭火剂储存容器及容器阀、单向阀、连接管、集流管、安全泄放装置、选择阀、阀驱动装置、喷嘴、信号反馈装置、检漏装置、减压装置等系统组件，灭火剂输送管道及管道连接件的产品出厂合格证和市场准入制度要求的有效证明文件应符合规定。

（3）系统中采用的不能复验的产品，应具有生产厂出具的同批产品检验报告与合格证。

（4）系统及其主要组件的使用、维护说明书应齐全。

（5）给水、供电、供气等条件满足连续施工作业要求。

（6）设计单位已向施工单位进行了技术交底。

（7）系统组件与主要材料齐全，其品种、规格、型号符合设计要求。

（8）防护区、保护对象及灭火剂储存容器间的设置条件与设计相符。

（9）系统所需的预埋件及预留孔洞等工程建设条件符合设计要求。

5.1.2　灭火剂储存装置的安装

气体灭火系统的储存装置安装应符合如下要求：

（1）灭火剂储存装置安装后，泄压装置的泄压方向不应朝向操作面。低压二氧化碳灭火系统的安全阀应通过专用的泄压管接到室外。

（2）储存装置上压力计、液位计、称重显示装置的安装位置应便于人员观察和操作。储存容器的支、框架应固定牢靠，并应做防腐处理。

（3）储存容器宜涂红色油漆，正面应标明设计规定的灭火剂名称和储存容器的编号。

（4）安装集流管前，应检查内腔，确保清洁。集流管上的泄压装置的泄压方向不应朝向操作面。集流管应固定在支、框架上。支、框架应固定牢靠，并做防腐处理。集流管外表面宜涂红色油漆。

（5）连接储存容器与集流管间的单向阀的流向指示箭头应指向介质流动方向。

目前，我国二氧化碳储存装置均为储存压力 5.17MPa 规格，储存装置为无缝钢质容器，它由容器阀、连接软管、钢瓶组成，耐压值为 22.05MPa。二氧化碳高压系统储存装置规格有 32L、40L、45L、50L、82.5L。

高压系统的储存装置的安装应符合下列规定：储存容器的工作压力不应小于 15MPa，储存容器或容器阀上应设泄压装置，其泄压动作压力应为 19±0.95MPa；储存容器中二氧化碳的充装系数应按国家现行《气瓶安全监察规程》执行；储存装置的环境温度应为 0~49℃。

低压系统的储存装置的安装应符合下列规定：储存容器的设计压力不应小于 2.5MPa，并应采取良好的绝热措施。储存容器上至少应设置两套安全泄压装置，其泄压动作压力应为 2.38±0.12MPa；储存装置的高压报警压力设定值应为 2.2MPa，低压报警压力设定值应为 1.8MPa；储存容器中二氧化碳的装置系数应按国家现行《压力容器安全技术监察规程》执行；容器阀应能在喷出要求的二氧化碳量后自动关闭；储存装置应远离热源，其位置应便于再充装，其环境温度宜为 -23~49℃；储存容器中充装的二氧化碳应符合《二氧化碳灭火剂》（GB 4396—2005）的规定；储存装置应设称重检漏装置。当储存容器中充装的二氧化碳量损失 10% 时，应及时补充；储存装置的布置应方便检查和维护，并应避免阳光直射；储存装置宜设在专用的储存容器间内。局部应用灭火系统的储存装置可设置在固定的安全围栏内。专用的储存容器间的设置应符合下列规定：应靠近防护区，出口应直接通向室外或疏散走道；耐火等级不应低于二级；室内应保持干燥和良好通风；设在地下的储存容器间应设机械排风装置，排风口应通向室外。

储存装置应符合下列规定：管网系统的储存装置应由储存容器、容器阀和集流管等组成；七氟丙烷和 IG541 预制灭火系统的储存装置应由储存容器、容器阀等组成；容器阀和集流管之间应采用挠性连接。储存容器和集流管应采用支架固定；储存装置上应设耐久的固定铭牌，并应标明每个容器的编号、容积、皮重、灭火剂名称、充装量、充装日期和充压压力等；管网灭火系统的储存装置宜设在专用储瓶间内。储瓶间宜靠近防护区，并应符合建筑物耐火等级不低于二级的有关规定及有关压力容器存放的规定，且应有直接通向室外或疏散走道的出口。储存装置的布置，应便于操作、维修及避免阳光照射。操作面距墙面或两操作面之间的距离，不宜小于 1.0m，且不应小于储存容器外径的 1.5 倍。

储存容器、驱动气体储瓶的设计与使用应符合国家现行《气瓶安全监察规程》及《压力容器安全技术监察规程》的规定。

储存装置的储存容器与其他组件的公称工作压力，不应小于在最高环境温度下所承受的工作压力。

在储存容器或容器阀上，应设安全泄压装置和压力表。组合分配系统的集流管，应设安全泄压装置。安全泄压装置的动作压力，应符合相应气体灭火系统的设计规定。

在通向每个防护区的灭火系统主管道上，应设压力信号器或流量信号器。

组合分配系统中的每个防护区应设置控制灭火剂流向的选择阀，其公称直径应与该防护区灭火系统的主管道公称直径相等。

5.1.3　选择阀及信号反馈装置的安装

选择阀是在组合分配系统中用于控制灭火剂经管网释放到预定防护区或保护对象的阀门，选择阀与保护区一一对应。

信号反馈装置是安装在灭火剂释放管路或选择阀上，将灭火剂释放的压力或流量信号转为电信号，并反馈到控制中心的装置。常见的是把压力信号转换为电信号，并反馈到控制中心的装置，一般也称为压力开关。如图 5-3 所示。

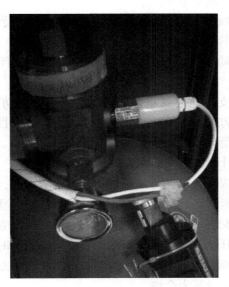

图 5-3　信号反馈装置

组合分配系统中的每个防护区应设置控制灭火剂流向的选择阀，其公称直径应与该防护区灭火系统的主管道公称直径相等。

选择阀的位置应靠近储存容器且便于操作。选择阀应设有标明其工作防护区的永久性铭牌。

选择阀及信号反馈装置的安装应满足如下要求：

（1）选择阀操作手柄应安装在操作面一侧，当安装高度超过 1.7m 时，应采取便于操作的措施。

（2）采用螺纹连接的选择阀，其与管网连接处宜采用活接头。

（3）选择阀的流向指示箭头应指向介质流动方向。

（4）选择阀上应设置标明防护区域或保护对象名称或编号的永久性标志牌，并应便于观察。

（5）信号反馈装置的安装应符合设计要求。

5.1.4　驱动装置的安装

驱动装置用于驱动容器阀、选择阀使其动作。电磁驱动器的行程应满足系统启动要求，且动作灵活，无卡阻现象。气动驱动装置储存容器的气体压力不应低于设计压力，且不得超过设计压力的 5%，气体驱动管道上的单向阀应启闭灵活，无卡阻现象。

（1）拉索式机械驱动装置的安装应符合下列规定：

①拉索除必要外露部分外，应采用经内外防腐处理的钢管防护；

②拉索转弯处应采用专用导向滑轮；

③拉索末端拉手应设在专用的保护盒内；

④拉索套管和保护盒应固定牢靠。

（2）安装以重力式机械驱动装置时，应保证重物在下落行程中无阻挡，其下落行程应保证驱动所需距离，且不得小于 25mm。

（3）电磁驱动装置驱动器的电气连接线，应沿固定灭火剂储存容器的支、框架或墙面固定。

（4）气动驱动装置的支、框架或箱体应固定牢靠，并做防腐处理。驱动气瓶上应有标明驱动介质名称、对应防护区或保护对象名称或编号的永久性标志，并应便于观察。

（5）气动驱动装置的管道安装应符合下列规定：

①管道布置应符合设计要求；

②竖直管道应在其始端和终端设防晃支架或采用管卡固定；

③水平管道应采用管卡固定。管卡的间距不宜大于 0.6m。转弯处应增设 1 个管卡。

气动驱动装置的管道安装后应做气压严密性试验，合格后方能投入使用。做气压严密性试验时，逐步缓慢增加压力，当压力升至试验压力的 50% 时，若未发现异状或泄露，则继续按照试验压力的 10% 逐级升压，每级稳压 3min，直至试验压力值。保持压力，检查管道各处，以无变形、无泄漏为合格。

5.1.5　灭火剂输送管道的安装

输送气体灭火剂的管道应采用无缝钢管。其质量应符合现行国家标准《输送流体用无缝钢管》（GB/T 8163—2018）、《高压锅炉用无缝钢管》（GB 5310—2018）等的规定。无缝钢管内外应进行防腐处理，防腐处理宜采用符合环保要求的方式。输送气体灭火剂的管道安装在腐蚀性较大的环境里，宜采用不锈钢管。其质量应符合现行国家标准《流体输送用不锈钢无缝钢管》（GB/T 14976—2012）的规定。管道的连接，当公称直径小于或等于 80mm 时，宜采用螺纹连接；当公称直径大于 80mm 时，宜采用法兰连接。钢制管道附件应内外防腐处理，防腐处理宜采用符合环保要求的方式。使用在腐蚀性较大的环境里，应采用不锈钢的管道附件。

（1）灭火剂输送管道连接应符合下列规定：

①采用螺纹连接时，管材宜采用机械切割；螺纹不得有缺纹、断纹等现象；螺纹连接的密封材料应均匀附着在管道的螺纹部分，拧紧螺纹时，不得将填料挤入管道内；安装后的螺纹根部应有 2~3 条外露螺纹；连接后，应将连接处外部清理干净并做好防腐处理。

②采用法兰连接时，衬垫不得凸入管内，其外边缘宜接近螺栓，不得放双垫或偏垫。连接法兰的螺栓，直径和长度应符合标准，拧紧后，凸出螺母的长度不应大于螺杆直径的 1/2，且保证有不少于 2 条外露螺纹。

③已经防腐处理的无缝钢管不宜采用焊接连接，与选择阀等个别连接部位需采用法兰焊接连接时，应对被焊接损坏的防腐层进行二次防腐处理。

（2）管道穿过墙壁、楼板处，应安装套管。套管公称直径比管道公称直径至少应大 2 级，穿墙套管长度应与墙厚相等，穿楼板套管长度应高出地板 50mm。管道与套管间的空隙应采用防火封堵材料填塞密实。当管道穿越建筑物的变形缝时，应设置柔性管段。

（3）管道支、吊架的安装应符合下列规定：

①管道末端应采用防晃支架固定，支架与末端喷嘴间的距离不应大于 500mm。

②管道应固定牢靠，管道支、吊架的最大间距应符合表 5-1 的规定。

表 5-1　　　　　　　　　　支、吊架之间最大间距

DN（mm）	15	20	25	32	40	50	80	100
最大间距（m）	1.5	1.8	2.1	2.4	2.7	3.0	3.4	3.7

③公称直径大于或等于 50mm 的主干管道，垂直方向和水平方向至少应各安装 1 个防晃支架，当穿过建筑物楼层时，每层应设 1 个防晃支架。当水平管道改变方向时，应增设防晃支架。

（4）灭火剂输送管道安装完毕后，应进行强度试验和气压严密性试验，并合格。

（5）灭火剂输送管道的外表面宜涂红色油漆。在吊顶内、活动地板下等隐蔽场所内的管道，可涂红色油漆色环，色环宽度不应小于 50mm。每个防护区或保护对象的色环宽度应一致，间距应均匀。

灭火剂输送管道安装完毕后，进行强度试验、吹扫和气压严密性试验。

强度试验：将压力升至压力试验后保压 5min，管道上连接处无明显滴漏，目测管道无变化。

管道气压严密性试验：介质采用空气或氮气，试验压力为水压强度试验压力的 2/3。试验时，将压力升至试验压力，关闭试验气源，3min 内压力降不应超过试验压力的 10%，用刷肥皂水的方法检查防护区外的管道连接处，管道连接处应无气泡。

水压强度试验后或气压严密性试验前，进行吹扫。吹扫时，管道末端的气体流速不应小于 20m/s，并用白布检查，应无铁锈、尘土、水渍及其他脏污物出现。

5.1.6　喷嘴的安装

喷头的布置应该满足喷放气体灭火剂在防护区内均匀分布的要求。当保护对象属于可燃液体时，喷头射流方向不应朝向液体方向。安装喷嘴时，应按设计要求逐个核对其型号、规格及喷孔方向。喷嘴是气体灭火系统中控制灭火剂流速并保证灭火剂均匀分布的重要部件，由于喷头的结构形式相似、规格较多，安装时应核对清楚。安装在吊顶下的不带装饰罩的喷嘴，其连接管管端螺纹不应露出吊顶；安装在吊顶下的带装饰罩的喷嘴，其装饰罩应紧贴吊顶。

5.1.7　预制灭火系统的安装

预制灭火系统是指按一定的应用条件，将灭火剂储存装置和喷射组件等预先设计、组装成套且具有联动控制功能的气体灭火系统。

柜式气体灭火装置、热气溶胶灭火装置等预制灭火系统及其控制器、声光报警器的安装位置应符合设计要求，并固定牢靠。预制灭火系统在喷放时，要产生冲击和震动，所以应将其固定牢靠；另外，为防止这些灭火装置被任意移动，应固定牢靠。

柜式气体灭火装置、热气溶胶灭火装置等预制灭火系统装置周围空间环境应符合设计要求。满足设备周围空间环境要求是保证系统性能和可靠灭火的条件，同时也方便维护工作。

5.1.8　其他组件的安装

灭火控制装置的安装应符合设计要求，防护区内火灾探测器的安装应符合现行国家标准《火灾自动报警系统施工及验收规范》（GB 50166—2019）的规定

设置在防护区处的手动、自动转换开关应安装在防护区入口便于操作的部位，安装高度为中心点距地（楼）面 1.5m。

手动启动、停止按钮应安装在防护区入口便于操作的部位，安装高度为中心点距地（楼）面 1.5m；防护区的声光报警装置安装应符合设计要求，并应安装牢固，不得倾斜。

气体喷放指示灯宜安装在防护区入口的正上方。

任务 5.2　气体灭火系统的调试

气体灭火系统调试是保证系统能正常工作的重要步骤。为了确保气体灭火系统调试工作顺利进行，调试前应再次对系统组件、材料以及安装质量进行检查，并应及时处理发现的问题。

5.2.1　相关规定

（1）气体灭火系统的调试应在系统安装完毕，并宜在相关的火灾报警系统和开口自动关闭装置、通风机械和防火阀等联动设备的调试完成后进行。调试完成后，将系统各部

件及联动设备恢复正常工作状态。

（2）调试前，应检查系统组件和材料的型号、规格、数量及系统安装质量，并应及时处理所发现的问题。

（3）调试项目应包括模拟启动试验、模拟喷气试验和模拟切换操作试验，并严格按照规范表格调试施工过程检查记录。

（4）气体灭火系统调试前，应具备完整的技术资料。调试负责人应由专业技术人员担任所有参加调试的人员职责明确，并应按照调试程序工作，调试后提出调试记录。

5.2.2　系统调试要求

5.2.2.1　手动模拟启动试验

手动模拟启动试验按下述方法进行：按下手动启动按钮（图 5-4），观察相关动作信号及联动设备动作是否正常（如发出声、光报警）。启动输出端的负载响应，关闭通风空调、防火阀等手动启动压力信号反馈装置，观察相关防护区门外的气体喷放指示灯是否正常。

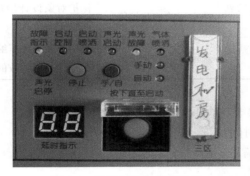

图 5-4　手动启动按钮示意图

5.2.2.2　自动模拟启动试验

（1）将灭火控制器的启动输出端与灭火系统相应防护区驱动装置连接。驱动装置与阀门的动作机构脱离；也可用 1 个启动电压、电流与驱动装置的启动电压、电流相同的负载代替。

（2）人工模拟火警，使防护区内任意 1 个火灾探测器动作，观察单火警信号输出后，相关报警设备动作是否正常（如警铃、蜂鸣器发出报警声等）。

（3）人工模拟火警，使该防护区内另一个火灾探测器动作，观察复合火警信号输出后，相关动作信号及联动设备动作是否正常（如发出声、光报警，启动输出端的负载响应，关闭通风空调、防火阀等）。

5.2.2.3　模拟启动试验结果要求

（1）延迟时间与设定时间相符，响应时间 ≤30s。

（2）有关声、光报警信号正确。

（3）联动设备动作正确。

（4）驱动装置动作可靠。

5.2.2.4　模拟喷气试验

（1）调试时，对所有防护区或保护对象进行模拟喷气试验，并合格。预制灭火系统的模拟喷气试验宜各取 1 套进行试验。

（2）模拟喷气试验方法如下：

①模拟喷气试验的条件。试验宜采用自动启动方式。详见表 5-2。

表 5-2　　　　　　　　　　　　　　模拟喷气试验条件

模 拟 气 体	试 验 范 围	灭火剂试验量
低压二氧化碳灭火系统	选定输送管道最长的防护区或保护对象	喷放量不小于设计用量的 10%
IG541 气体灭火系统、高压二氧化碳灭火系统	选定试验的防护区	保护对象设计用量所需容器总数的 5%，且不少于 1 个
卤代烷灭火系统（一般用氮气或压缩空气进行）	选定试验的防护区	采用的氮气或压缩空气储存容器数不少于灭火剂储存容器数的 20%，且不少于 1 个

②模拟喷气试验结果要符合下列规定：

a. 延迟时间与设定时间相符，响应时间满足要求；

b. 有关声、光报警信号正确；

c. 有关控制阀门工作正常；

d. 信号反馈装置动作后，气体防护区门外的气体喷放指示灯工作正常；

e. 储存容器间内的设备和对应防护区或保护对象的灭火剂输送管道无明显晃动和机械性损坏；

f. 试验气体能喷入被试防护区内或保护对象上，且能从每个喷嘴喷出。

5.2.2.5　模拟切换操作试验

（1）调试要求设有灭火剂备用量且储存容器连接在同一集流管上的系统应进行模拟切换操作试验，并要求合格。

（2）模拟切换操作试验方法如下：

①按适用说明书的操作方法，将系统使用状态从主用量灭火剂储存容器切换为备用量灭火剂储存容器；

②按前文描述方法进行模拟喷气试验；

③试验结果符合上述模拟喷气试验结果的规定。

任务 5.3　气体灭火系统的验收

防护区或保护对象的位置、用途、划分、几何尺寸、开口、通风、环境温度、可燃物的种类、防护区围护结构的耐压、耐火极限及门、窗可自行关闭装置等，应符合设计要求。

防护区下列安全设施的设置应符合要求：

（1）防护区的疏散通道、疏散指示标志和应急照明装置。

（2）防护区内和入口处的声光报警装置、气体喷放指示灯、入口处的安全标志。

（3）无窗或固定窗扇的地上防护区和地下防护区的排气装置。

（4）门窗设有密封条的防护区的泄压装置。

（5）专用的空气呼吸器或氧气呼吸器。

（6）火灾报警控制装置及联动设备。

高压二氧化碳灭火系统的泄漏反映为失重，可称重检查；低压二氧化碳灭火系统的泄漏反映为液位下降，可压力计检查；七氟丙烷等卤代烷灭火系统泄漏反映为压力下降和失重，可压力计检查和称重检查。

称重检查按储存容器全数（不足 5 个的按 5 个计）的 20 ％检查；储存压力检查按储存容器全数检查；低压二氧化碳储存容器按全数检查。

驱动气瓶和选择阀的机械应急手动操作处，均应有标明对应防护区或保护对象名称的永久标志。

驱动气瓶的机械应急操作装置均应设安全销并加铅封，现场手动启动按钮应有防护罩。如图 5-5 所示。

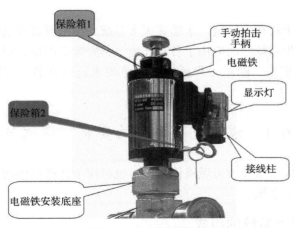

图 5-5　电磁驱动装置

气体灭火系统按《气体灭火系统施工及验收规范》（GB 50263—2007）规定进行，项目中有一项不合格时，系统验收判定不合格。

项目 6　其他自动灭火系统

◎ **知识目标：** 了解泡沫灭火系统、干粉灭火系统、水喷雾灭火系统、细水雾灭火系统、自动跟踪定位射流灭火系统、消防水炮系统的组成和分类；熟悉泡沫灭火系统、干粉灭火系统、水喷雾灭火系统、细水雾灭火系统、自动跟踪定位射流灭火系统、消防水炮系统各组件安装要求，掌握泡沫灭火系统、干粉灭火系统、水喷雾灭火系统、细水雾灭火系统、自动跟踪定位射流灭火系统、消防水炮系统调试、验收要求。

◎ **能力目标：** 能够理解泡沫灭火系统、干粉灭火系统、水喷雾灭火系统、细水雾灭火系统、自动跟踪定位射流灭火系统、消防水炮系统的工作原理；熟悉掌握泡沫灭火系统泡沫液的检测方法、干粉灭火系统模拟喷放实验的流程、细水雾灭火系统联动调试的要求、消防水炮系统消防炮塔的安装规范；能够对各灭火系统进行验收、调试。

◎ **素质目标：** 培养吃苦耐劳、认真负责的工作作风，增强工作实践操作经验。

◎ **思政目标：** 增强学生"以人为本，生命至上"消防安全意识；培养学生的社会责任感和使命感。

　　泡沫灭火系统、干粉灭火系统、水喷雾灭火系统、细水雾灭火系统、自动跟踪定位射流灭火系统、消防水炮系统广泛应用于各种环境，其安装应严格按照国家规范、设计要求进行，杜绝偷工减料现象，隐蔽工程还应按规范要求进行查验，牢固树立"安全第一"的思想。

任务 6.1　泡沫灭火系统的安装、调试与验收

　　泡沫灭火系统主要用于扑救可燃液体火灾，也可用于扑救固体物质火灾，是石油化工业应用最为广泛的灭火系统。

6.1.1　泡沫灭火系统的组成

　　泡沫灭火系统主要由泡沫消防泵、泡沫液储罐、泡沫比例混合器（装置）、泡沫产生装置、控制阀门及管道等组成。如图 6-1 所示。

6.1.2　泡沫灭火系统的分类

　　泡沫灭火系统的分类如表 6-1 所示。

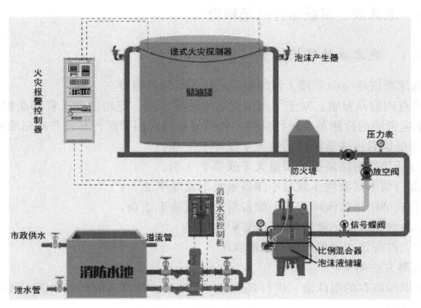

图 6-1　泡沫灭火系统

表 6-1　　　　　　　　　　　　　　　泡沫灭火系统分类

划 分 方 式	类　　别
按喷射方式划分	液上喷射系统
	液下喷射系统
按系统结构划分	固定式系统
	半固定式系统
	移动式系统
按发泡倍数划分	低倍数泡沫灭火系统（发泡倍数小于 20）
	中倍数泡沫灭火系统（发泡倍数为 20~200）
	高倍数泡沫灭火系统（发泡倍数大于 200）
按系统形式划分	全淹没式泡沫灭火系统
	局部应用式泡沫灭火系统
	移动式泡沫灭火系统
	泡沫-水喷淋系统
	泡沫喷雾系统

6.1.3 泡沫液、系统组件进场检查

6.1.3.1 泡沫液的现场检查

（1）泡沫液进场应由监理工程师组织进行现场取样留存。

（2）检查内容及要求：对于下列情况之一的泡沫液，应由监理工程师组织现场取样，送至具备相应资质的检测单位进行检测，其结果应符合国家现行有关产品标准和设计要求

①6%型低倍数泡沫液设计用量大于或等于 7.0t；

②3%型低倍数泡沫液设计用量大于或等于 3.5t；

③6%蛋白型中倍数泡沫液最小储备量大于或等于 2.5t；

④6%合成型中倍数泡沫液最小储备量大于或等于 2.0t；

⑤高倍数泡沫液最小储备量大于或等于 1.0t；

⑥合同文件规定现场取样送检的泡沫液。

（3）检测方法如下：

①对于取样留存的泡沫液，进行观察检查和检查市场准入制度要求的有效证明文件及出场和各种即可。

②需要送检的泡沫液按现行国家标准《泡沫灭火系统技术标准》（GB 50151—2021）的规定对发泡性能（发泡倍数、析液时间）和灭火性能（灭火时间、抗烧时间）的检验报告。

6.1.3.2 系统组件的现场检查

在泡沫灭火系统上应用的组件，在从制造厂搬运到施工现场过程中，要经过装车、运输、卸车和搬运、储存等环节，有的露天存放，受环境的影响，在这期间，就有可能会因意外原因对这些组件造成损伤或锈蚀。为了保证施工质量，需要对这些组件进行现场检查。

（1）系统组件的现场检查要求如表 6-2 所示。

表 6-2　　　　　　　　　　　　系统组件的现场检查

检查项目		检 查 要 求	检 查 方 法
系统组件	外观质量	①无变形及其他机械性损伤； ②外露非机械加工表面保护涂层完好； ③无保护涂层的机械加工面无锈蚀； ④所有外露接口无损伤，堵、盖等保护物包封良好； ⑤铭牌标记清晰、牢固； ⑥消防泵运转灵活，无阻滞，无异常生硬，高倍数泡沫产生器用手转动叶轮应灵活，固定式泡沫炮的手动机构应无卡阻现象	观察检查和手动检查。对于组件中的手动机构，如需要转动的部位，要亲自动手操作，看其是否能满足要求

续表

检查项目		检 查 要 求	检 查 方 法
系统组件	性能	①其规格、型号、性能符合国家现行产品标准和设计要求； ②设计上有复验要求或对质量有疑义时，应由监理工程师抽样，并由具有相应资质的检测单位进行检测复验，其复验结果应符合国家现行产品标准和设计要求	一般情况下，检查市场准入制度要求的有效证明文件和产品出厂合格证。当组件需要复验时，按相关规定的实验方法进行试验
	强度和气密性	①阀门的强度和气密性试验应采用清水进行，强度试验压力为公称压力的1.5倍；严密性试验压力为公称压力的1.1倍； ②试验压力在试验持续时间内应保持不变，且壳体填料和阀瓣密封面无渗漏； ③阀门试压的试验持续时间不应少于表6-3中的规定； ④试验合格的阀门，应排尽内部积水，并吹干。密封面涂防锈油，关闭阀门，封闭出入口，作出明显的标记，并应按规定记录	将阀门安装在试验管道上，对有液流方向要求的阀门，试验管道要安装在阀门的进口，然后管道充满水，排净空气，用试压装置缓慢升压，待达到严密性试验压力后，在最短试验持续时间内，以阀瓣密封面不渗漏为合格；最后，将压力升到强度试验压力，在最短试验持续时间内，以壳体填料无渗漏为合格

（2）阀门试验持续时间，如表6-3所示。

表 6-3　　　　　　　　　　　　　　　阀门试验持续时间

公称直径 DN（mm）	最短试验持续时间		
	严密性试验		强度试验
	金属密封	非金属密封	
≤50	15	15	15
65—200	30	15	60
200—450	60	30	180

6.1.4　系统组件的安装

要保证泡沫灭火系统的施工质量，使系统能正确安装、可靠运行，正确的设计、合理的施工、合格的产品是必要的技术条件。施工前，对系统组件、管材及管件的规格、型号数量进行查验，看其是否符合设计要求，这样才能满足施工及施工进度的要求。泡沫灭火系统的施工与土建密切相关，有些组件要求打基础，管道的支、吊架需要下预埋件，管道若穿过防火堤、楼板、防火墙需要预留孔，这些部位施工质量的好坏直接影响系统的施工质量，因此，在系统的组件、管道安装前，必须检查基础、预埋件和预留孔是否符合设计要求。

6.1.4.1　泡沫消防泵的安装

泡沫灭火系统应用的消防泵一般都是采用离心泵，特殊的地方也有采用深井或潜水泵。消防泵应整体安装在基础上，安装时，对组件不得随意拆卸，消防泵都是整机出厂，产品出厂前均已按标准的要求进行组装和试验，并且该产品已经过具有相应资质的检测单位检测合格。如果随意拆卸整机，将会使泵组难以达到原产品设计要求。确需拆卸时，应由制造厂家进行，拆卸和复装应按设备技术文件的规定进行。消防泵应以底座水平面为基准进行找平、找正；消防泵与相关管道连接时，应以消防泵的法兰端面为基准进行测量和安装；消防泵进水管吸水口处设置滤网时，滤网架的安装应牢固且便于清洗；当消防泵采用内燃机驱动时，内燃机冷却器的泄水管应通向排水设施。

6.1.4.2　泡沫液储罐的安装

泡沫液储罐是泡沫灭火系统的主要组件之一，它的安装质量好坏直接影响系统的正常运行。尤其是采用环泵式比例混合器时显得更为重要，因此，施工时必须严格按照设计要求进行。泡沫液储罐的安装应满足如下要求：

（1）泡沫液储罐的安装位置和高度应符合设计要求，当设计无要求时，泡沫液储罐周围应留有满足检修需要的通道，其宽度不宜小于 0.7m 的通道，且操作面不宜小于 1.5m；当泡沫液储罐上的控制阀距地面高度大于 1.8m 时，应在操作面处设置操作平台或操作凳。

（2）常压泡沫液储罐的现场制作、安装和防腐应符合下列规定：

①现场制作的常压钢质泡沫液储罐，泡沫液管道出液口不应高于泡沫液储罐最低液面 1m，泡沫液管道吸液口距泡沫液储罐底面不应小于 0.15m，且宜做成喇叭口形。

②现场制作的常压钢质泡沫液储罐应该进行严密性试验，试验压力应为储罐装满水后的静压力，试验时间不应小于 30min，目测应无渗漏。观察检查全部焊缝、焊接接头和连接部位，以无渗漏为合格。

③现场制作的常压钢质泡沫液储罐内、外表面应按设计要求防腐，并应在严密性试验合格后进行。当对泡沫液储罐内表面防腐涂料有疑义时，可取样送至具有相应资质的检测单位进行检验。

④常压泡沫液储罐的安装方式应符合设计要求，当设计无要求时，应根据其形状按立式或卧式安装在支架或支座上，支架应与基础固定。安装时不得损坏其储罐上的配管和附件。

⑤常压钢质泡沫液储罐罐体与支座接触部位的防腐，应符合设计要求，当设计无规定时，应按加强防腐层的做法施工。

（3）泡沫液压力储罐的安装时，支架应与基础牢固固定，且不应拆卸和损坏配管、附件；储罐的安全阀出口不应朝向操作面。

（4）设在泡沫泵站外的泡沫液压力储罐的安装应符合设计要求，并应根据环境条件采取防晒、防冻和防腐等措施。

6.1.4.3 泡沫比例混合器（装置）的安装

泡沫比例混合装置主要有罐体、胶囊、比例混合器、进水管路、出液管、排水阀、排污阀、安全阀、压力表组成。它是用来储存泡沫灭火剂，并通过压力式比例混合器的作用，将消防供水置换装置内储存的泡沫灭火剂，并与供水按一定的比例混合形成泡沫混合液的装置。泡沫比例混合器（装置）的安装应符合表 6-4 中的规定。

表 6-4   泡沫比例混合器（装置）的安装

组件名称		安 装 要 求
泡沫比例混合器（装置）的安装	一般要求	（1）标注方向应与液流方向一致 （2）与管道连接处的安装应严密
	环泵式	（1）安装标高的允许偏差为±10mm （2）备用的环泵式比例混合器应并联安装在系统上，并应有明显的标志
	压力式	压力式比例混合装置应整体安装，并应与基础牢固固定
	平衡式	（1）整体平衡式比例混合装置应竖直安装在压力水的水平管道上，并应在水和泡沫液进口的水平管道上分别安装压力表，且与平衡式比例混合装置进口处的距离不宜大于 0.3m （2）分体平衡式比例混合装置的平衡压力流量控制阀应竖直安装 （3）水力驱动式平衡式比例混合装置的泡沫液泵应水平安装，安装尺寸和管道的连接方式应符合设 计要求
	管线式	管线式比例混合器应安装在压力水的水平管道上或串接在消防水带上，并应靠近储罐或防护区，其吸液口与泡沫液储罐或泡沫液桶最低液面的高度不得大于 1m

6.1.4.4 泡沫产生装置的安装

（1）低倍数泡沫产生装置的安装要求如下：

①水溶性液体储罐内泡沫溜槽的安装应沿罐壁内侧螺旋下降到距罐底 1~1.5m 处，溜槽与罐底平面夹角宜为 30°~45°；泡沫降落槽应垂直安装，其垂直度允许偏差为降落槽高度的 5‰，且不得超过 30mm，坐标允许偏差为 25mm，标高允许偏差为±20mm。

②液下及半液下喷射的高背压泡沫产生器应水平安装在防火堤外的泡沫混合液管道上。液下喷射泡沫产生器或泡沫导流罩沿罐周均匀布置时，其间距偏差不宜大于 100mm。

③在高背压泡沫产生器进口侧设置的压力表接口应竖直安装；其出口侧设置的压力

表、背压调节阀和泡沫取样口的安装尺寸应符合设计要求，在环境温度为0℃及以下的地区，背压调节阀和泡沫取样口上的控制阀应选用钢质阀门。

④液下喷射泡沫产生器或泡沫导流罩沿罐周均匀布置时，其间距偏差不宜大于100mm。

⑤外浮顶储罐泡沫喷射口设置在浮顶上时，泡沫混合液支管应固定在支架上，泡沫喷射口T型管应水平安装，伸入泡沫堰板后应向下倾斜角度应符合设计要求。外浮顶储罐泡沫喷射口设置在罐壁顶部、密封或挡雨板上方或金属挡雨板的下部时，泡沫堰板的高度及与罐壁的间距应符合设计要求。

⑥泡沫堰板的最低部位设置排水孔的数量和尺寸应符合设计要求，并应沿泡沫堰板周长均布，其间距偏差不宜大于20mm。

⑦单、双盘式内浮顶储罐泡沫堰板的高度及与罐壁的间距应符合设计要求。当一个储罐所需的高背压泡沫产生器并联安装时，应将其并列固定在支架上。

⑧半液下泡沫喷射装置应整体安装在泡沫管道进入储罐处设置的钢质明杆闸阀与止回阀之间的水平管道上，并应采用扩张器（伸缩器）或金属软管与止回阀连接，安装时不应拆卸和损坏密封膜及其附件。

（2）中倍数泡沫产生器的安装应符合设计要求，安装时不得损坏或随意拆卸附件。

检查数量：按安装总数的10%抽查，且不得少于1个储罐或保护区的安装数量。

（3）高倍数泡沫产生器应整体安装，不得拆卸，牢固固定，并应符合以下规定：

①距高倍数泡沫发生器的进气端小于或等于0.3m处不应有遮挡物；

②在高倍数泡沫发生器的发泡网前小于或等于1m处，不应有影响泡沫喷放的障碍物。

（4）泡沫喷头的安装要求如下：

①顶部安装的泡沫喷头应安装在被保护物的上部，其坐标的允许偏差，室外安装为15mm，室内安装为10mm；标高的允许偏差，室外安装为±15mm，室内安装为±10mm；

②侧向安装的泡沫喷头应安装在被保护物的侧面并应对准被保护物体，其距离允许偏差为20mm；

③地下安装的泡沫喷头应安装在被保护物的下方，并应在地面以下；在未喷射泡沫时，其顶部应低于地面10~15mm。

（5）固定式消防炮的安装要求如下：

①固定式泡沫炮的立管应垂直安装，炮口应朝向防护区，并不应有影响泡沫喷射的障碍物；

②进口压力一般在1MPa以上，流量也较大，反作用力很大，安装在炮架或支架上的固定式泡沫炮要牢固固定。

泡沫产生装置如图6-2所示。

6.1.4.5 管道及阀门的安装

（1）水平管道安装时，其坡度坡向应符合设计要求，且坡度不应小于设计值，当出

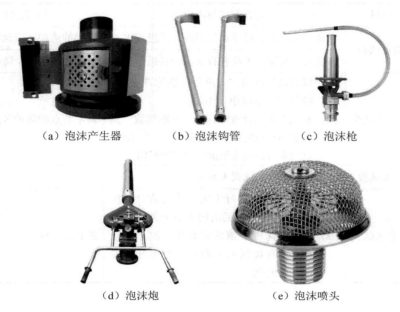

（a）泡沫产生器　　　（b）泡沫钩管　　　（c）泡沫枪

（d）泡沫炮　　　（e）泡沫喷头

图 6-2　泡沫产生装置

现 "U" 形管时，应有放空措施，立管应用管卡固定在支架上，其间距不应大于设计值。

（2）当管道穿过防火堤、防火墙、楼板时，应安装套管。穿防火堤和防火墙套管的长度不应小于防火堤和防火墙的厚度，穿楼板套管长度应高出楼板 50mm，底部应与楼板底面相平；管道与套管间的空隙应采用防火材料封堵；管道穿过建筑物的变形缝时，应采取保护措施。

（3）泡沫混合液管道采用的阀门应按相关标准进行安装，并应有明显的启闭标志。管道上的放空阀应安装在最低处。

6.1.5　泡沫灭火系统调试

6.1.5.1　基本要求

（1）泡沫灭火系统的动力源和备用动力应进行切换试验，动力源和备用动力及电气设备运行应正常。

（2）消防泵应进行试验，其性能应符合设计和产品标准的要求。消防泵与备用泵应在设计负荷下进行转换运行试验，其主要性能应符合设计要求。

6.1.5.2　系统的调试

泡沫灭火系统的调试如表 6-5 所示。

表 6-5   泡沫灭火系统的调试

类别	项目	检查方式与内容	检查数量
低、中倍数泡沫灭火系统	喷水试验	手动灭火系统，以手动控制的方式进行 1 次	最远的防护区或储罐
		自动灭火系统，手动和自动控制各进行 1 次	最大和最远 2 个防护区或储罐
	喷泡沫试验	（1）以自动控制的方式进行 1 次泡沫喷射，喷射时间不应小于 1min （2）检测泡沫混合液混合比、发泡倍数、到达最不利点防护区或储罐的时间、湿式联用系统自喷水至泡沫的持续时间	最不利点的防护区或储罐
高倍数泡沫灭火系统	喷水试验	同低、中倍数泡沫灭火系统	
	喷泡沫试验	（1）每个防护区进行 1 次（手动或自动控制），喷射泡沫的时间不小于 30s （2）检测泡沫混合液的混合比、泡沫供给速率、自接到火灾模拟信号至开始喷泡沫的时间	所有防护区

6.1.5.3 系统组件调试

（1）泡沫比例混合器（装置）调试时，应与系统喷泡沫试验同时进行。对蛋白、氟蛋白等折射指数高的泡沫液，可用手持折射仪测量；对水成膜、抗溶水成膜等折射指数低的泡沫液，可用手持导电度测量仪测量。

（2）泡沫产生装置的调试（喷水）要求如下：

①低倍数（含高背压）泡沫产生器、中倍数泡沫产生器应进行喷水试验，其进口压力应符合设计要求；

②泡沫喷头应进行喷水试验，其防护区内任意四个相邻喷头组成的四边形保护面积内的平均供给强度不应小于设计值；

③固定式泡沫炮应进行喷水试验，其进口压力、射程、射高、仰俯角度、水平回转角度等指标应符合设计要求；

④泡沫枪应进行喷水试验，其进口压力和射程应符合设计要求。

⑤高倍数泡沫发生器应进行喷水试验，其进口压力的平均值不应小于设计值，每台高倍数泡沫产生器发泡网的喷水状态应正常。

（3）泡沫消火栓应进行喷水试验，其出口压力应符合设计要求。

6.1.6 泡沫灭火系统验收

泡沫灭火系统验收应由建设单位组织监理、设计、施工等单位共同进行。泡沫灭火系统验收时，应提供：①有效的施工图设计文件；②设计变更通知书、竣工图；③系统组件和泡沫液自愿性认证或检验的有效证明文件和产品出厂合格证，材料的出厂检验报告与合格证；④系统组件的安装使用和维护说明书；⑤施工许可证（开工证）和施工现场质量管理检查记录；⑥泡沫灭火系统施工过程检查记录及阀门的强度和严密性试验记录、管道试压和管道冲洗记录、隐蔽工程验收记录；⑦系统验收申请报告。

（1）泡沫灭火系统组件的验收。泡沫灭火系统组件的验收包括系统水源的验收、动力及备用动力系统验收、消防泵房的验收、消防水泵的验收、泡沫液储罐的验收、泡沫比例混合器（装置）的验收、报警阀组的验收、管网的验收、喷头的验收和水泵结合器的验收。

（2）泡沫灭火系统验收时，除对系统各个组成部分的施工质量进行验收外，还需对系统功能进行验收，也就是进行泡沫喷射试验。其基本方法与系统调试相同，但检查数量减少。对于低、中倍数泡沫灭火系统，任选一个防护区或储罐进行 1 次喷泡沫试验，对于高倍数泡沫灭火系统应对所有防护区各进行 1 次泡沫试验。

任务 6.2　干粉灭火系统的安装、调试与验收

干粉灭火系统是由干粉供应源通过输送管道连接到固定的喷嘴上，通过喷嘴喷放干粉的灭火系统。《中国消耗臭氧层物质逐步淘汰国家方案》已将干粉灭火系统的应用技术列为卤代烷系统替代技术的重要组成部分。

6.2.1　干粉灭火系统的组成和分类

6.2.1.1　干粉灭火系统的组成

干粉灭火系统由干粉灭火设备和自动控制两大部分组成。前者由干粉储存容器、驱动气体瓶组、启动气体瓶组、减压阀、管道及喷嘴组成；后者由火灾探测器、信号反馈装置、报警控制系统组成。如图 6-3 所示。

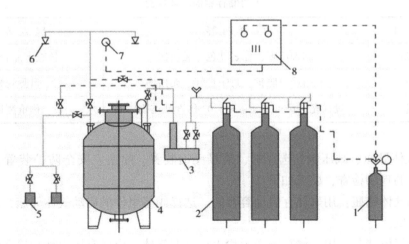

1—启动气体瓶组；2—高压驱动气体瓶组；3—减压阀；4—干粉储罐；
5—干粉枪及卷盘；6—喷嘴；7—火灾探测器；8—控制装置

图 6-3　干粉灭火系统

6.2.1.2　干粉灭火系统的分类

干粉灭火系统的分类如表6-6所示。

表 6-6　　　　　　　　　　　　干粉灭火系统的分类

分 类 方 式	类 　型
应用方式	全淹没系统
	局部应用系统
设计情况	设计型系统
	预制型系统
保护情况	组合分配系统
	单元独立系统
驱动气体储存方式	储气式系统
	储压式系统
	燃气式系统

6.2.2　干粉灭火系统进场检查

（1）干粉储存容器现场检查，如表6-7所示。

表 6-7　　　　　　　　　　　　干粉储存容器现场检查

检 查 项 目	检 查 内 容	检 查 方 法
外观质量	铭牌清晰，外表红色、无损伤	核查产品合格证
密封面	外露接口防护、封闭良好、无损伤	目测观察
充装量	设计充装量≤充装量≤1.03倍设计充装量	称重测量

（2）气体储瓶、减压阀、选择阀、信号反馈装置、喷头、安全防护装置、压力报警及控制器等的现场检查，要求如下：

①启动气体储瓶：用来储存启动容器阀、选择阀等组件的启动气体储瓶，应设有压力表和检漏装置。

②驱动气体储瓶：用于储存输送干粉灭火剂的气体，应设有压力计和检漏装置。

③选择阀：选择阀平时关闭，启动方式有气动式和电动式，均应设手动执行机构，以便在自动失灵时仍能将阀门打开。

④信号反馈装置：设置在选择阀的出口部位，对于单元独立系统则设置在集流管或释

放管网上，当灭火剂释放时，压力开关动作，送出灭火剂释放信号给控制中心，起到反馈灭火系统的动作状态的作用。

（3）阀驱动装置的现场检查，要求如下：

启动气体储瓶内压力不低于设计压力，且不超过设计压力的 5%，设置在启动气体管道的单向阀启闭灵活，无卡阻现象。

6.2.3　干粉灭火系统的安装

干粉灭火装置的安装应按经审核或备案的设计图纸和相应的技术文件进行。当需要进行修改时，应按有关规定更换。

6.2.3.1　干粉输送管道

（1）螺纹连接时，管材采用机械切割，安装后的螺纹根部有 2~3 条外露螺纹，连接处外部清理干净，并做防腐处理。

（2）法兰连接时，衬垫不能凸入管内，不能放双垫或偏垫。拧紧后，凸出螺母的长度不能大于螺杆直径的 1/2，确保不少于两条外露螺纹。

（3）防腐处理的无缝钢管不采用焊接连接，个别连接部位需采用法兰焊接连接时，要对被焊接损伤的防腐层进行二次防腐处理。

（4）管道穿过墙壁，楼板处需安装套管套。套管公称直径比管道至少大 2 级，穿墙套管与墙厚相等，穿楼板套管长度高出地板 50mm。空隙采用防火封堵材料填塞密实，管道穿越变形缝隙需设置柔性套管。

（5）管道末端采用防晃支架，固定支架与末端喷头间的距离不大于 500mm。

6.2.3.2　喷头

喷头在安装前应需逐个核对其型号规格及喷孔方向是否符合设计，要求喷头安装的高度如表 6-8 所示。

表 6-8　　　　　　　　　　　　　　　**喷头安装的高度要求**

系统类型	喷头最大安装高度	
	全淹没灭火系统	局部应用系统
储压型	7m	6m
储气瓶型	8m	7m

6.2.3.3　其他组件和管件

其他组件和管件的安装与技术检测，如表 6-9 所示。

表 6-9　　　　　　　　　　　　其他组件和管件的安装与技术检测

组件和管件	相 关 要 求
减压阀	（1）减压阀的流向指示箭头与介质流动方向一致； （2）压力显示装置安装在便于人员观察的位置
选择阀	（1）安装高度超 1.7m 时，要采取便于操作的措施； （2）流向指示箭头与介质流动方向指向一致
阀驱动装置	重力式机械驱动装置，应保证重物在下落行程中无阻挡其下落，行程应保证驱动所需距离且不小于 25mm

6.2.4　干粉灭火系统的调试与验收

6.2.4.1　干粉灭火系统的调试

（1）干粉灭火系统调试在系统各组件安装完成后进行，系统调试包括对系统进行模拟启动试验、模拟喷放试验和模拟切换操作试验等。干粉灭火装置调试应具备下列条件：

①干粉灭火装置安装完毕，且联动控制组件经检查正常；

②调试负责人为经过培训的专业技术人员；

③供电正常，与灭火装置配套的其他消防系统及安全措施处于正常工作状态。

（2）模拟喷放试验，如表 6-10 所示。

表 6-10　　　　　　　　　　　　模拟喷放试验

试验要求	（1）模拟喷放实验采用干粉灭火剂和自动启动方式，干粉用量不少于设计用量的 30%。当现场条件不允许喷放干粉灭火剂时，可采用惰性气体； （2）采用的试验气瓶需与干粉灭火系统驱动气体储瓶的型号规格、阀门结构、充装压力、连接与控制方式一致； （3）试验时，应保证出口压力不低于设计压力
试验方法	（1）启动驱动气体释放至干粉储存容器； （2）容器内达到设计喷放压力并满足设定延时后，开启释放装置； （3）模拟喷放完毕后还需进行模拟切换操作试验，试验时将系统使用状态从主用量干粉储存容器切换为备用量干粉储存容器，驱动气体储瓶、启动气体储瓶同时切换
判定标准	延时启动时符合设定时间有关，声光报警信号正确，信号反馈装置，动作正常，干粉输送管无明显晃动和机械性损坏，干粉或气体能喷入被试防护区内或保护对象上，且能从每个喷头喷出

6.2.4.2　干粉灭火系统的验收

干粉灭火装置的竣工验收应由建设单位组织监理、施工、设计等单位组成验收组共同进行。干粉灭火系统竣工验收时应提供竣工验收申请报告、经审核或备案的设计图纸、设计说明、设计变更及相应的技术文件、竣工图等其他文件、干粉灭火装置产品的出厂合格证、灭火装置及其主要组件的使用、维护说明书和国家权威机构出具的合格检验报告、干粉灭火装置施工安装记录及调试记录。

干粉灭火系统各组件安装调试完成后，需对系统进行技术检测和验收，以判断系统安装是否符合相关技术标准，系统调试是否满足相关功能要求，以确保系统能够按照设定的功能发挥作用，为确保系统工作可靠提供技术支持。

干粉灭火系统验收时，需对各组件的安装位置、安装方式、安装要求以及从整体调试进行全方位的验收，主要包括系统组件验收和功能验收。其中，系统功能验收包括进行模拟启动试验验收、模拟喷放试验验收和模拟主用、备用电源切换试验，其试验方法与判定标准和系统功能测试相同。

任务 6.3　水喷雾灭火系统的安装、调试与验收

水喷雾灭火系统可用于扑救固体物质火灾、丙类液体火灾、饮料酒火灾和电气火灾，并可用于可燃气体和甲、乙、丙类液体的生产、储存装置或装卸设施的防护冷却。该灭火系统不得用于扑救遇水能发生化学反应造成燃烧、爆炸的火灾，以及水雾会对保护对象造成明显损害的火灾。

6.3.1　水喷雾系统的组成和分类

6.3.1.1　水喷雾系统的组成

水喷雾灭火系统由水源、供水设备、过滤器、雨淋阀组、管道及水雾喷头等组成，是向保护对象喷射水雾灭火或防护冷却的灭火系统。

6.3.1.2　水喷雾系统的分类

水喷雾系统的分类，如表 6-11 所示。

表 6-11　　　　　　　　　　　　　水喷雾系统的分类

划分方式	类　　别
按启动方式分类	电动启动水喷雾系统
	传动管启动水喷雾系统
按应用方式分类	固定式水喷雾系统
	自动喷水-水喷雾系统
	泡沫-水喷雾联用

6.3.2 水喷雾系统进场检查

6.3.2.1 喷头

（1）水雾喷头应无加工缺陷和机械损伤，表面涂镀层应均匀，完整美观，无明显磕碰伤痕及变形。

（2）水雾喷头应在明显部位做永久性标志，其内容至少应包括规格型号、生产厂商代号或商标、生产年代等。所有标记应正确、清晰、牢固。

（3）喷头螺纹密封面应无伤痕、毛刺、缺失或断丝现象。

6.3.2.2 阀门及其附件检查

（1）报警阀除应有商标、型号、规格等标志外，还应有水流方向的永久性标志。

（2）报警阀和控制阀的阀瓣及操作机构应动作灵活，无卡涩现象，阀体内应清洁、无异物堵塞。

（3）水力警铃的铃锤应转动灵活、无阻滞现象，传动轴密封性良好，无渗漏水现象。

（4）报警阀渗漏试验。试验压力 $P = 2$ 倍工作压力，保压时间 $T \geqslant 5\text{min}$，阀瓣处无渗漏（和自动喷水的报警阀组渗漏试验一致）。

6.3.3 水喷雾系统的安装

6.3.3.1 喷头

（1）喷头安装应在系统试压、冲洗合格后进行。

（2）喷头安装时，不得对喷头进行拆装、改动，并严禁给喷头附加任何装饰性涂层。

（3）喷头与管道连接，宜采用端面密封或"O"形圈密封，密封不应采用聚四氟乙烯、麻丝、粘结剂等作为密封材料。

6.3.3.2 雨淋报警阀组的安装

雨淋报警阀组的安装应在供水管网试压、冲洗合格后进行。其安装应满足如下要求：

（1）安装顺序：安装时，应先安装水源控制阀、雨淋报警阀，再进行雨淋报警阀辅助管道的连接。

（2）安装位置：报警阀组距室内地面高度宜为 1.2m，两侧与墙的距离 ≥0.5m，正面与墙的距离 ≥1.2m，报警阀组突出部位之间的距离 ≥0.5m。

（3）设置要求：水源控制阀、雨淋报警阀与配水干管的连接应使水流方向一致。水源控制阀的安装应便于操作，且应有明显开闭标志和可靠的锁定设施；压力表应安装在报警阀上便于观测的位置；排水管和试验阀应安装在便于操作的位置；宜设在环境温度不低于4℃位置；自（手）动方式启动的雨淋阀，在 15s 之内启动，公称直径>200mm 的报警阀，在 60s 之内启动；水力警铃喷嘴处压力不应小于 0.05MPa，且距水力警铃 3m 远处警铃声强不应小于 70dB。

6.3.3.3　冲洗、试压

管道冲洗的水流流速、流量不应小于系统设计的水流流速、流量；管网冲洗宜分区、分段进行；水平管网冲洗时，其排水管位置应低于配水支管。管网冲洗宜设临时专用排水管道，其排放应畅通和安全，排水管的截面面积不得小于被冲洗管道截面面积的 60%。管道冲洗结束后，应将管网内的水排除干净，必要时可采用压缩空气吹干。

渗漏试验：试验压力应为额定工作压力的 2 倍，保压时间≥5min，阀瓣处应无渗漏。

6.3.4　水喷雾系统的调试

水喷雾灭火系统的调试只有在整个系统已按照设计要求全部施工结束后，才可能全面、有效地进行各项目调试工作。与系统有关的火灾自动报警装置及联动控制设备是否合格，是水喷雾灭火系统能否正常运行的重要条件。由于系统绝大部分是采用自动报警、自动灭火的形式，因此，必须先把火灾自动报警和联动控制设备调试合格，才能与水喷雾灭火系统进行连锁试验，以验证系统的可靠程度和系统各部分是否协调。

水喷雾系统调试前，应对系统进行检查，并应及时处理发现的问题，水源、动力源应满足系统调试要求，电气设备应具备与系统联动调试的条件。

（1）报警阀组调试：雨淋报警阀调试宜利用检测、试验管道进行。自动和手动方式启动的雨淋报警阀应在 15s 之内启动；调试公称直径大于 200mm 的雨淋报警阀时，应在 60s 之内启动，雨淋报警阀调试时，当报警水压为 0.05MPa 时，水力警铃应发出报警铃声。

（2）联动调试：联动调试应符合以下规定：

①采用模拟火灾信号启动系统，相应的分区雨淋报警阀（或电动控制阀、气动控制阀）、压力开关和消防水泵及其他联动设备均应能及时动作，并发出相应的信号。

②采用传动管启动的系统，启动 1 只喷头，相应的分区雨淋报警阀、压力开关和消防水泵及其他联动设备均应能及时动作，并发出相应的信号。

③系统的响应时间、工作压力和流量应符合设计要求；当为手动控制时，以手动方式进行 1 次~2 次试验；当为自动控制时，以自动和手动方式各进行 1 次~2 次试验，并用压力表、流量计、秒表计量。

6.3.5　系统验收

6.3.5.1　报警阀组验收

（1）报警阀安装地点的常年温度不应小于 4℃。

（2）水力警铃、喷嘴处压力≥0.05MPa，距水力警铃 3m 处声强≥70dB。

（3）打开手动试水阀或电磁阀时，报警阀动作可靠。

（4）控制阀均应锁定在常开位置。

（5）与火灾自动报警系统的联动控制应符合设计要求。

6.3.5.2　管网验收

（1）报警阀后的管道上不应安装其他用途的支管或阀门。

（2）管墩、管道支、吊架的固定方式、间距应符合设计要求并按总数抽查 20%，且不少于 5 处。

6.3.5.3　喷头验收

（1）喷头的安装位置、安装高度、间距及与梁等障碍物的距离偏差均应符合设计要求和规范规定，抽查喷头总数的 5%，且不小于 20 个，合格率大于 95% 时为合格。

（2）不同型号、规格的喷头的备用量不应小于其实际安装总数的 1%，且每种备用喷头数不应少于 5 只。

6.3.5.4　其他验收

系统应进行冷喷试验，除应符合规范相关规定外，其响应时间应符合设计要求，并应检查水雾覆盖保护对象的情况。

6.3.5.5　验收合格标准

无严重缺陷，重要缺陷项不多于 2 项，且重要缺陷项与轻微缺陷项之和不多于 6 项时，可判定系统验收为合格，其他情况应判定为不合格。水喷雾系统工程质量缺陷按《水喷雾灭火系统技术规范》相关要求执行。

任务 6.4　细水雾灭火系统的安装、调试与验收

细水雾灭火系统主要以水为灭火介质，采用特殊喷头在压力作用下喷洒细水雾进行灭火或控火，是一种灭火效能较高、环保、适用范围较广的灭火系统。细水雾灭火系统适用于扑救相对封闭空间内的可燃固体表面火灾、可燃液体火灾和带电设备的火灾；不适用于扑救可燃固体的深位火灾、能与水发生剧烈反应或产生大量有害物质的活泼金属及其化合物的火灾、可燃气体火灾。

6.4.1　细水雾系统的组成和分类

6.4.1.1　细水雾系统的组成

细水雾灭火系统主要由细水雾喷头、控制阀组、供水设施、控制阀门及管道组成。

6.4.1.2　细水雾系统的分类

细水雾系统的分类如表 6-12 所示。

表 6-12　　　　　　　　　　　　　　**细水雾系统的分类**

分类方式	类　型
工作压力	低压细水雾系统
	中压细水雾系统
	高压细水雾系统
应用方式	全淹没细水雾系统
	局部应用细水雾系统
供水方式	泵组式细水雾系统
	瓶组式细水雾系统
	瓶组与泵组结合式细水雾系统
动作方式	开式细水雾系统
	闭式细水雾系统
雾化介质	单流体细水雾系统
	双流体细水雾系统

6.4.2　细水雾系统进场检查

6.4.2.1　喷头进场检查

细水雾喷头的进场检验应符合：喷头的商标、型号、制造厂及生产时间等标志应齐全、清晰；喷头的数量等应满足设计要求；喷头外观应无加工缺陷和机械损伤；喷头螺纹密封面应无伤痕、毛刺、缺丝或断丝现象。

喷头进场时，应分别按不同型号规格抽查 1%，且不得少于 5 只；少于 5 只时，全数检查。

6.4.2.2　控制阀组进场检查

控制阀组的进场检验应符合：各阀门的商标、型号、规格等标志应齐全；各阀门及其附件应配备齐全，不得有加工缺陷和机械损伤；控制阀的明显部位应有标明水流方向的永久性标志；控制阀的阀瓣及操作机构应动作灵活、无卡涩现象，阀体内应清洁、无异物堵塞，阀组进出口 应密封完好。

6.4.2.3　其他组件的进场检查

（1）储水瓶组、储气瓶组、泵组单元、控制柜（盘）、储水箱、控制阀、过滤器、安全阀、减压装置、信号反馈装置等系统组件的规格、型号应符合国家现行有关产品标准和设计要求，外观应符合下列规定：

①应无变形及其他机械性损伤；

②外露非机械加工表面保护涂层应完好；

③所有外露口均应设有保护堵盖，且密封应良好；

④铭牌标记应清晰、牢固、方向正确。

（2）储气瓶组进场时，驱动装置应按产品使用说明规定的方法进行动作检查，动作应灵活无卡阻现象。

6.4.3　细水雾系统的安装

6.4.3.1　供水设施的安装

（1）储水瓶组、储气瓶组的安装：瓶组的安装、固定和支撑应稳固，且固定支框架应进行防腐处理。瓶组容器上的压力表应朝向操作面，安装高度和方向应一致。

（2）泵组的安装：泵组吸水管上的变径处应采用偏心大小头连接。当系统采用柱塞泵时，泵组安装后应充装润滑油并检查油位。

（3）泵组控制柜的安装，要求如下：

①控制柜基座的水平度偏差不应大于±2mm/m，并应采取防腐及防水措施；

②控制柜与基座应采用直径不小于 12mm 的螺栓固定，每个柜不应少于 4 只螺栓；

③做控制柜的上下进出线口时，不应破坏控制柜的防护等级。

6.4.3.2　管道的安装

（1）管道安装前，应分段进行清洗。施工过程中，应保证管道内部清洁，不得留有焊渣、焊瘤、氧化皮、杂质或其他异物，施工过程中的开口应及时封闭。

（2）并排管道法兰应方便拆装，间距不宜小于 100mm。

（3）管道之间或管道与管接头之间的焊接应采用对口焊接。系统管道焊接时，应使用氩弧焊工艺，并应使用性能相容的焊条。

（4）管道穿越墙体、楼板处应使用套管；穿过墙体的套管长度不应小于该墙体的厚度，穿过楼板的套管长度应高出楼地面 50mm。管道与套管间的空隙应采用防火封堵材料填塞密实。设置在有爆炸危险场所的管道应采取导除静电的措施。

6.4.3.3　系统主要组件的安装

（1）喷头的安装，要求如下：

①喷头的安装应在管道试压、吹扫合格后进行。喷头需使用专用扳手安装，应根据设计文件逐个核对其生产厂标志、型号、规格和喷孔方向，不得对喷头进行拆装、改动。喷头安装高度、间距，与吊顶、门、窗、洞口、墙或障碍物的距离，应符合设计要求。

②不带装饰罩的喷头，其连接管管端螺纹不应露出吊顶；带装饰罩的喷头应紧贴吊顶；带有外置式过滤网的喷头，其过滤网不应伸入支干管内。

③喷头与管道的连接宜采用端面密封或 O 型圈密封，不应采用聚四氟乙烯、麻丝、粘结剂等作密封材料。

（2）控制阀组的安装，要求如下：

①应按设计要求确定阀组的观测仪表和操作阀门的安装位置，并应便于观测和操作。阀组上的启闭标志应便于识别，控制阀上应设置标明所控制防护区的永久性标志牌。

②分区控制阀的安装高度宜为 1.2～1.6m，操作面与墙或其他设备的距离不应小于0.8m，并应满足安全操作要求。

③分区控制阀应有明显启闭标志和可靠的锁定设施，并应具有启闭状态的信号反馈功能。

④闭式系统试水阀的安装位置应便于安全的检查、试验。

6.4.4　细水雾系统的调试

细水雾系统调试应包括泵组、稳压泵、分区控制阀的调试和联动调试，并应根据批准的方案程序进行。同时，调试后要用压缩空气或氮气吹扫，使系统恢复至准工作状态。系统调试前，系统及与系统联动的火灾报警系统或其他装置、电源等均应处于准工作状态，现场安全条件应符合调试要求。

6.4.4.1　泵组的调试

以自动或手动方式启动泵组时，泵组应立即投入运行。以备用电源切换方式或备用泵切换启动泵组时，泵组应立即投入运行。采用柴油泵作为备用泵时，柴油泵的启动时间不应大于 5s。泵组控制柜应进行空载和加载控制调试，控制柜应能按其设计功能正常动作和显示。

6.4.4.2　稳压泵的调试

稳压泵调试时，在模拟设计启动条件下，稳压泵应能立即启动；当达到系统设计压力时，应能自动停止运行。

6.4.4.3　分区控制阀调试

（1）对于开式系统，分区控制阀应能在接到动作指令后立即启动，并应发出相应的阀门动作信号。

（2）对于闭式系统，当分区控制阀采用信号阀时，应能反馈阀门的启闭状态和故障信号。

6.4.4.4　联动试验

系统应进行联动试验，对于允许喷雾的防护区或保护对象，应至少在 1 个区进行实际细水雾喷放试验；对于不允许喷雾的防护区或保护对象，应进行模拟细水雾喷放试验。

（1）开式细水雾系统的联动试验，要求如下：

①进行实际细水雾喷放试验时，可采用模拟火灾信号启动系统，分区控制阀、泵组或瓶组应能及时动作，并发出相应的动作信号，系统的动作信号反馈装置应能及时发出系统启动的反馈信号，相应防护区或保护对象保护面积内的喷头应喷出细水雾。

②进行模拟细水雾喷放试验时，应手动开启泄放试验阀，采用模拟火灾信号启动系统时，泵组或瓶组应能及时动作并发出相应的动作信号，系统的动作信号反馈装置应能及时发出系统启动的反馈信号。

（2）闭式细水雾系统的联动试验，可利用试水阀放水进行模拟。打开试水阀后，泵组应能及时启动并发出相应的动作信号；系统的动作信号反馈装置应能及时发出系统启动的反馈信号。

（3）当系统需与火灾自动报警系统联动时，可利用模拟火灾信号进行试验。在模拟火灾信号下，火灾报警装置应能自动发出报警信号，系统应动作，相关联动控制装置应能发出自动关断指令；火灾时，需要关闭的相关可燃气体或液体供给源关闭等设施应能联动关断。

6.4.5 细水雾系统的验收

细水雾系统的验收应由建设单位组织施工、设计、监理等单位共同进行。系统验收合格后，应将系统恢复至正常运行状态，并应向建设单位移交竣工验收文件资料和系统工程验收记录。系统验收不合格不得投入使用。

6.4.5.1 泵组验收

（1）泵组系统进（补）水管管径及供水能力、储水箱的容量，均应符合设计要求，水质、过滤器的设置符合设计标准。

（2）工作泵、备用泵、吸水管、出水管、出水管上的安全阀、止回阀、信号阀等的规格、型号、数量应符合设计要求；吸水管、出水管上的检修阀应锁定在常开位置，并应有明显标记。

（3）水泵的引水方式、压力与流量符合设计要求。

（4）泵组在主电源下应能在规定时间内正常启动，当系统管网中的水压下降到设计最低压力时，稳压泵应能自动启动。控制柜的规格、型号、数量应符合设计要求；控制柜的图纸塑封后应牢固粘贴于柜门内侧。

（5）泵组应能自动启动和手动启动。

6.4.5.2 储气瓶组和储水瓶组的验收

瓶组的机械应急操作处的标志应符合设计要求。应急操作装置应有铅封的安全销或保护罩。储水容器内水的充装量和储气容器内氮气或压缩空气的储存压力应符合设计要求。储水瓶按全数的20%称重检查（不足5个按5个计）；储气瓶应全数称重检查。

6.4.5.3 喷头的验收

喷头的数量、规格、型号以及闭式喷头的公称动作温度等，应符合设计要求。喷头的安装位置、安装高度、间距及与墙体、梁等障碍物的距离偏差不应超过±15mm。不同型号规格喷头的备用量不应小于其实际安装总数的 1%，且每种备用喷头数不应少于 5 只。

6.4.5.4　控制阀的验收

控制阀的型号、规格、安装位置、固定方式和启闭标识等，应符合设计要求。开式系统分区控制阀组应能采用手动和自动方式可靠动作。闭式系统分区控制阀组应能采用手动方式可靠动作。分区控制阀前后的阀门均应处于常开位置。

6.4.5.5　模拟联动功能试验

系统验收时，除对组件及管网安装情况进行验收外，每个系统都应进行模拟联动功能试验，开式系统应采用自动启动方式，对至少一个系统、一个防护区或一个保护对象进行冷喷试验。其中，模拟联动功能试验应符合下列规定：

（1）动作信号反馈装置应能正确动作，并应能在动作后启动泵组或开启瓶组及与其联动的相关设备，可正确发出反馈信号。

（2）开式系统的分区控制阀应能正常开启，并可正确发出反馈信号。

（3）系统的流量压力均应符合设计要求。泵组或瓶组及其他消防联动控制设备应能正常启动，并有反馈信号显示。

（4）主、备电源应能在规定时间内正常切换。

6.4.5.6　验收合格标准

细水雾灭火系统安装完成后当无严重缺陷项，或一般缺陷项不多于 2 项，或一般缺陷项与轻度缺陷项之和不多于 6 项时，可判定系统验收为合格；当有严重缺陷项，或一般缺陷项大于等于 3 项，或一般缺陷项与轻度缺陷项之和大于等于 7 项时，应判定为不合格。细水雾系统工程质量缺陷按《细水雾灭火系统技术规范》（GB 50898—2013）相关要求执行。

任务 6.5　自动跟踪定位射流灭火系统的安装、调试与验收

自动跟踪定位射流灭火系统是由自动跟踪定位射流灭火装置组成的灭火系统，是以水或泡沫混合液为喷射介质的固定射流系统。自动跟踪定位射流灭火系统通常应用于高大空间场所，因此也称为大空间智能型主动喷水灭火系统。

6.5.1　自动跟踪定位射流灭火系统的组成与分类

自动跟踪定位射流灭火系统主要由火灾探测系统、带探测组件和自动控制部分的灭火系统，以及消防供液部分组成，消防供液部分包括供水管路和消防水泵等配套供水设施。

自动跟踪定位射流灭火系统的分类如表 6-13 所示。

表 6-13   自动跟踪定位射流灭火系统的分类

划 分 方 式	分 类
按流量大小划分	自动跟踪定位消防炮灭火装置
	自动跟踪定位射流灭火装置
按射流方式划分	喷射型自动射流灭火装置
	喷洒型自动射流灭火装置

6.5.2 自动跟踪定位射流灭火系统的进场检查

自动跟踪定位射流灭火系统施工前，应对采用的系统组件、管材及配件、线缆及其他设备、材料进行现场检查，检查不合格者不得使用。

施工前，应对灭火装置、探测装置、控制装置、水流指示器、模拟末端试水装置，以及阀门、消防水泵、高位消防水箱、气压稳压装置、消防水泵接合器等的规格和型号进行检查。其外观应无变形及其他机械性损伤、外露非机械加工表面保护涂层完好、无保护涂层的机械加工面无锈蚀、所有外露接口无损伤，堵、盖等保护物包封良好、铭牌标记清晰、牢固。

消防水泵转动应灵活、无阻滞、无异常声音。灭火装置的转动机构和操作装置应灵活、可靠、安全。

6.5.3 自动跟踪定位射流灭火系统的安装

（1）灭火装置的安装：灭火装置的安装应在管道试压、冲洗合格后进行，灭火装置安装后，其在设计规定的水平和俯仰回转范围内不应与周围的构件触碰，与灭火装置连接的管线应安装牢固，且不得阻碍回转机构的运动。

（2）探测装置的安装：探测装置的安装不应产生探测盲区，探测装置及配线金属管或线槽应做接地保护，接地应牢靠，并有明显标识。

（3）消防水泵的安装：消防水泵在基础固定及进出口管道安装完毕后，应对联轴器重新校中。消防水泵吸水管上的过滤器应顺水流方向安装在控制阀后，吸水管上的控制阀应在消防水泵固定于基础上之后再进行安装，其直径不应小于消防水泵吸水口直径，吸水管水平管段上不应有积气和漏气现象，变径连接时，应采用偏心异径管件，并应采用管顶平接。当消防水泵采用内燃机驱动时，内燃机冷却器的泄水管应通向排水设施，内燃机的排气管安装应符合设计要求，当设计无规定时，应采用直径相同的钢管连接并通向室外，应避免使用过多的弯头，位于室内的排气管的外部应采取隔热措施。

（4）管道的安装：埋地管道安装前，应做好防腐处理，安装时不应损坏防腐层；埋地管道采用焊接时，焊缝部位应在试压合格后进行防腐处理；埋地管道在回填前应进行隐蔽工程验收，合格后及时回填，分层夯实。管道安装的允许偏差应满足表 6-14 的要求。

表 6-14 **管道安装的允许偏差**

项　　目			允许偏差（mm）
坐标	地上、架空及地沟	室外	25
		室内	15
	埋地		60
标高	地上、架空及地沟	室外	±20
		室内	±15
	埋地		±25
水平管道平直度		DN≤100	0.002L，最大 50
		DN>100	0.003L，最大 80
立管垂直度			0.005L，最大 30
与其他管道成排布置间距			15
与其他管道交叉时外壁或绝热层间距			20

注：L 为管段有效长度；DN 为管道公称直径。

（5）其他组件的安装：模拟末端试水装置的压力表、试水阀应设置在便于人员观察与操作的高度，出水应采取间接排水方式，且安装位置处应具备良好的排水能力。

消防水泵接合器应设置永久性固定的标志，标志上应标明灭火系统名称及水压、水量要求。墙壁式消防水泵接合器的安装应符合设计要求。设计无要求时，其安装高度距地面宜为 0.7m，与墙面上的门、窗、孔、洞的净距离不应小于 2.0m，且不应安装在玻璃幕墙下方。地下式消防水泵接合器应采用铸有"消防水泵接合器"标志的铸铁井盖，并在附近设置指示其位置的永久性固定标志。

6.5.4　自动跟踪定位射流灭火系统的调试

自动跟踪定位射流灭火系统调试应包括：水源调试和测试、消防水泵调试、气压稳压装置调试、自动控制阀和灭火装置手动控制功能调试、系统的主电源和备用电源切换测试、系统自动跟踪定位灭火模拟调试、模拟末端试水装置调试、系统自动跟踪定位射流灭火试验、联动控制调试。

（1）水源调试和测试：按设计要求核实高位消防水箱、消防水池（箱）的容积，高位消防水箱设置高度、消防水池（箱）水位显示等应符合设计要求；合用水池、水箱的消防储水应有不作他用的技术措施。应按设计要求核实消防水泵接合器的数量和供水能力，并通过移动式消防水泵做供水试验进行验证。

（2）消防水泵调试：以自动或手动方式启动消防水泵时，消防水泵应在 55s 内投入正常运行，以备用电源切换方式或备用泵切换启动消防水泵时，消防水泵应在 1min 内投入正常运行。

（3）气压稳压装置调试：当管网压力达到稳压泵设计启泵压力时，稳压泵应立即启动；当管网压力达到稳压泵设计停泵压力时，稳压泵应自动停止运行；人为设置主稳压泵故障，备用稳压泵应立即启动；当消防水泵启动时，稳压泵应停止运行。

（4）自动控制阀和灭火装置手动控制功能调试：使系统电源处于接通状态，系统控制主机、现场控制箱处于手动控制状态。分别通过系统控制主机和现场控制箱，逐个手动操作每台自动控制阀的开启、关闭，观察自动控制阀的启、闭动作及反馈信号应正常；逐个手动操作每台灭火装置（自动消防炮和喷射型自动射流灭火装置）俯仰和水平回转，观察灭火装置的动作及反馈信号应正常，且在设计规定的回转范围内与周围构件应无触碰；对具有直流-喷雾转换功能的灭火装置，逐个手动操作检验其直流-喷雾动作功能。

（5）系统的主电源和备用电源切换测试：使系统主电源、备用电源处于正常状态。在系统处于手动控制状态下，以手动的方式进行主电源、备用电源切换试验，结果应正常；在系统处于自动控制状态下，在主电源上设置一个故障，备用电源应能自动投入运行，在备用电源上设置一个故障，主电源应能自动投入运行。手动切换试验和自动切换试验应各进行 1~2 次。

（6）系统自动跟踪定位灭火模拟调试：使系统处于自动控制状态，关闭消防水泵出水总管控制阀，打开消防水泵试水管上的试水阀。在系统保护区内的任意位置上，放置一个油盘试验火，系统应能在《自动跟踪定位射流灭火系统技术标准》（GB 51427—2021）规定的定位时间内自动完成火灾探测、火灾报警、启动相应的灭火装置瞄准火源、启动消防水泵、打开相应的自动控制阀，完成自动跟踪定位灭火模拟动作。

用来诱发系统启动的油盘试验火可以采用直径为 570mm、高度为 70mm 的油盘内加入 30mm 高的清水，再加入 500mL 的车用汽油，点燃油盘内的汽油开始燃烧。用准确度不低于 ±0.1s 的电子秒表测量从试验火开始燃烧至灭火装置开始射流的时间，即为定位时间。在系统自动跟踪定位灭火模拟调试试验中，定位时间为从试验火开始燃烧至自动控制阀门打开的时间。

（7）模拟末端试水装置调试：使系统处于自动控制状态，在模拟末端试水装置探测范围内，放置油盘试验火，系统应能在规定时间内自动完成火灾探测、火灾报警，启动消防水泵，打开该模拟末端试水装置的自动控制阀。打开手动试水阀，观察检查模拟末端试水装置出水的压力和流量应符合设计要求。

（8）系统自动跟踪定位射流灭火试验：使系统处于自动控制状态，在该保护区内的任意位置上，放置 1A 级别火试模型，在火试模型预燃阶段使系统处于非跟踪定位状态。预燃结束，恢复系统的跟踪定位状态进行自动定位射流灭火。系统从自动射流开始，自动消防炮灭火系统、喷射型自动射流灭火系统应在 5min 内扑灭 1A 级别火灾，喷洒型自动射流灭火系统应在 10min 内扑灭 1A 级别火灾。系统灭火完成后，应自动关闭自动控制阀，并采取人工手动停止消防水泵。

（9）联动控制调试：在系统自动跟踪定位射流灭火试验中，当系统确认火灾后，声、光警报器应动作，火灾现场视频实时监控和记录应启动；系统动作后，控制主机上消防水泵、水流指示器、自动控制阀等的状态显示应正常；系统的火灾报警信息应传送给火灾自动报警系统，并应按设计要求完成有关消防联动功能。

6.5.5　自动跟踪定位射流灭火系统的验收

系统的验收应包括系统施工质量验收和系统功能验收。系统功能验收应包括系统启动功能验收、自动跟踪定位射流灭火功能验收和联动控制功能验收。

（1）系统施工质量验收：包括系统组件及配件的规格、型号、数量、安装位置及安装质量；管道及附件的材质、管径、连接方式、管道标识、安装位置及安装质量；固定管道的支、吊架和管墩的位置、间距及牢固程度；管道穿楼板、防火墙及变形缝的处理；管道和设备的防腐、防冻措施；消防水泵及消防水泵房、水源、高位消防水箱、气压稳压装置及消防水泵接合器的数量、位置等及安装质量；电源、备用动力、电气设备及布线的安装质量。

（2）系统启动功能验收：包括：

①系统手动控制启动功能应正常。使系统电源处于接通状态，系统控制主机、现场控制箱处于手动控制状态，消防水泵控制柜处于自动状态。分别通过系统控制主机和现场控制箱，手动操作消水泵远程启动，观察消防水泵的动作及反馈信号应正常，消防水泵远程启动后应在水泵控制柜上手动停止；逐个手动操作每台自动控制阀的开启、关闭，观察自动控制阀的启、闭动作及反馈信号应正常；逐个手动操作每台灭火装置（自动消防炮和喷射型自动射流灭火装置）俯、仰和水平回转，观察灭火装置的动作及反馈信号应正常，且在设计规定的回转范围内与周围构件应无触碰；对具有直流–喷雾转换功能的灭火装置，逐个手动操作检验其直流–喷雾动作功能应正常。

②消防水泵和气压稳压装置的启动功能应正常。

③主电源、备用电源的切换功能应正常。

④模拟末端试水装置的系统启动功能应正常。

（3）自动跟踪定位射流灭火功能验收：每个保护区的试验不少于 1 次，检查结果应符合设计要求。

（4）联动控制功能验收：联动验收应符合设计要求。

系统启动功能、自动跟踪定位射流灭火功能和联动控制功能验收全部检查内容合格，方可判定系统功能验收合格。

任务 6.6　消防炮灭火系统的安装、调试与验收

消防炮灭火系统是能自动完成火灾探测、火灾报警、火源瞄准和喷射灭火剂的灭火系统。水、泡沫或二者混合液流量大于 16L/s，或干粉喷射率大于 7kg/s，以射流形式喷射灭火剂的灭火的装置称之为消防炮。

6.6.1　消防炮灭火系统的组成和分类

消防炮灭火系统主要由消防炮、消防炮塔、火灾探测器、泡沫比例混合液装置与泡沫液罐、消防泵组、阀组与管道、末端试水装置等组成。

消防炮灭火系统的分类如表 6-15 所示。

表 6-15　　　　　　　　　　　　消防炮灭火系统的分类

划分方式	类型
按喷射介质划分	水炮系统
	泡沫炮系统
	干粉炮系统
按控制方式划分	手动系统
	电控系统
	液控系统
按使用方式划分	单用消防炮
	双用消防炮
	两用消防炮
按泡沫液吸入方式划分	自吸式系统
	非自吸式系统
按安装方式	固定式
	移动式

6.6.2　消防炮灭火系统的进场检查

6.6.2.1　管材及管件的进场检查

材质、规格、型号、质量等应符合国家现行有关产品标准和设计要求。管材及管件表面无裂纹、缩孔、夹渣、折叠、重皮等缺陷，螺纹表面完整无损伤，法兰密封面平整光洁无毛刺及径向沟槽，垫片无老化变质或分层现象，表面无折皱等缺陷。管材及管件的规格尺寸和壁厚及允许偏差每一规格、型号的产品按件数抽查 20%，且不得少于 1 件。对设计上有复验要求、质量有疑义的管材管件，应由监理工程师抽样，并由具备相应资质的检测机构进行检测复验，其复验结果应符合国家现行有关产品标准和设计要求。

6.6.2.2　灭火剂的进场检查

（1）泡沫液进场时，应由建设单位、监理工程师和供货方现场组织检查，并共同取样留存，留存数量按全项检测需要量。对 6% 型低倍数泡沫液设计用量大于或等于 7.0t、3% 型低倍数泡沫液设计用量大于或等于 3.5t、合同文件规定现场取样送检的泡沫液还需由监理工程师组织现场取样，送至具备相应资质的检测机构进行检测，其结果应符合国家现行有关产品标准和设计要求。

（2）干粉进场时，应由建设单位、监理工程师和供货方现场组织检查，并共同取样留存，留存数量按全项检测需要量。对设计用量大于或等于 2.0t 的干粉，应送至具备相应资质的检测机构进行检测，其结果应符合国家现行有关产品标准和设计要求。

6.6.2.3　主要系统组件的进场检验

（1）水炮、泡沫炮、干粉炮、消防泵组、泡沫液罐、泡沫比例混合装置、干粉罐、氮气瓶组、阀门、动力源、消防炮塔、控制装置等系统组件及压力表、过滤装置和金属软管等系统配件的外观质量应无变形及其他机械性损伤，外露非机械加工表面保护涂层完好，无保护涂层的机械加工面无锈蚀，所有外露接口无损伤，堵、盖等保护物包封良好，铭牌标记清晰、牢固。

（2）阀门应进行强度和严密性试验：强度和严密性试验应采用清水进行，强度试验压力为公称压力的 1.5 倍；严密性试验压力为公称压力的 1.1 倍。试验压力在试验持续时间内应保持不变，且壳体填料和阀瓣密封面无渗漏。试验合格的阀门，应排尽内部积水，并吹干。密封面涂防锈油，关闭阀门，封闭出入口，做出明显的标记。

试验方法：将阀门安装在试验管道上，有液流方向要求的阀门试验管道应安装在阀门的进口，然后管道充满水，排净空气，用试压装置缓慢升压，待达到严密性试验压力后，在最短试验持续时间内，以阀瓣密封面不渗漏为合格；最后将压力升至强度试验压力（强度试验不能以阀瓣代替盲板），在最短试验持续时间内，以壳体填料无渗漏为合格。

（3）消防泵组转动应灵活，无阻滞，无异常声音。消防炮的转动机构和操作装置应灵活、可靠。

6.6.3　消防炮灭火系统的安装

6.6.3.1　消防炮的安装

消防炮的安装应符合设计要求，且应在供水管线系统试压、冲洗合格后进行。安装前，应确定基座上供灭火剂的立管固定可靠，与消防炮连接的电、液、气管线应安装牢固，且不得干涉回转机构。消防炮安装后，应检查在其设计规定的水平和俯仰回转范围内不与周围的构件碰撞。

6.6.3.2　泡沫比例混合装置与泡沫液罐的安装

1. 安装位置

泡沫液罐的安装位置和高度应符合设计要求。当设计无要求时，泡沫液罐周围应留有满足检修需要的通道，其宽度不宜小于 0.7m，操作面处不宜小于 1.5m；当泡沫液罐上的控制阀距地面高度大于 1.8m 时，应在操作面处设置操作平台。

2. 常压泡沫液罐的现场制作、安装和防腐

现场制作的常压钢质泡沫液罐，泡沫液管道吸液口距泡沫液罐底面不应小于 0.15m，且宜做成喇叭口形；常压钢质泡沫液罐应进行严密性试验，试验压力应为储罐装满水后的静压力，试验时间不应小于 30min，目测应无渗漏；常压钢质泡沫液罐内、外表面应按设计要求防腐，并应在严密性试验合格后进行；常压泡沫液罐的安装方式应符合设计要求，

当设计无要求时，应根据其形状按立式或卧式安装在支架或支座上，支架应与基础固定，安装时不得损坏其储罐土的配管和附件。压力式泡沫液罐安装时，支架应与基础牢固固定，且不应拆卸和损坏配管、附件；罐的安全阀出口不应朝向操作面。

3. 室外泡沫液罐的安装

应根据环境条件采取防晒、防冻和防腐等措施。平衡式比例混合装置中平衡阀的安装应符合设计和产品要求，并应在水和泡沫液进口的管道上分别安装压力表，压力表与装置中的比例混合器进口处的距离不宜大于 0.3m；水力驱动平衡式比例混合装置的泡沫液泵安装应符合设计和产品要求，安装尺寸和管道的连接方式应符合设计要求。

6.6.3.3   消防泵组的安装

消防泵组应整体安装在基础上，并应固定牢固。吸水管进口处的过滤装置的安装应符合设计要求。消防泵组直接取海水时，吸水管应设置有效的防海生物附着的装置，吸水管上的控制阀应在消防泵组固定于基础上之后再进行安装，其直径不应小于消防泵组吸水口直径，且不应采用没有可靠锁定装置的蝶阀。吸水管管段上不应有气囊和漏气现象。变径连接时，应采用偏心异径管件，并应采用管顶平接。内燃机驱动的消防泵组其排气管的安装应符合设计要求，当设计无规定时，应采用直径相同的钢管连接后通向室外。排气管的外部宜采取隔热措施。

6.6.3.4   消防炮塔

安装消防炮塔的地面基座应稳固，钢筋混凝土基座施工后应有足够的养护时间，消防炮塔与地面基座的连接应固定可靠。消防炮塔的起吊定位现场应有足够的空间，起吊过程中，消防炮塔不得与周边构筑物碰撞。消防炮塔安装后应采取相应的防腐措施。

6.6.3.5   消防炮灭火系统的调试和验收

1. 系统调试

（1）手动调试。使系统电源处于接通状态，各控制装置的操作按钮处于手动状态。逐个按下各电控阀门的手动启、停操作按钮，观察阀门的启、闭动作及反馈信号应正常；用手动按钮或手持式无线遥控发射装置逐个操控相对应的消防炮做俯仰和水平回转动作，观察各消防炮的动作及反馈信号是否正常。对带有直流喷雾转换功能的消防炮，还应检验其喷雾动作控制功能；逐个按下各消防泵组的手动启、停操作按钮，观察消防泵组的动作及反馈信号应正常；逐个按下各稳压泵组的手动启、停操作按钮，观察稳压泵组的动作及反馈信号应正常。

（2）固定消防炮灭火系统的主电源和备用电源进行切换试验。调试中主、备电源的切换及电气设备运行应正常，系统主、备电源处于接通状态。当系统处于手动控制状态时，以手动的方式进行 1~2 次试验，主、备电源应能切换；当系统处于自动控制状态时，在主电源上设定一个故障，备用电源应能自动投入运行，在备用电源上设定一个故障，主电源应能自动投入运行。

（3）消防泵组功能调试试验。接通控制装置电源，并使消防泵组控制装置处于自动状态，人工启动一台消防泵组，观察该消防泵组及相关设备动作是否正常。若正常，则在消防泵组控制装置内人为设定一个故障，使之停泵。此时，备用消防泵组应能自动投入运行。消防泵组在设计负荷下，连续运转不应少于 30min，采用压力表、流量计、秒表计量。当达到设计启动条件时，稳压泵应立即启动；当达到系统设计压力时，稳压泵应自动停止运行；当消防主泵启动时，稳压泵应停止运行。

（4）联动调试。按设计的联动控制单元进行逐个检查。接通系统电源。使待检联动控制单元的被控设备均处于自动状态；按下对应的联动启动按钮，该单元应能按设计要求自动启动消防泵组，打开阀门等相关设备，直至消防炮喷射灭火剂（或水幕保护系统出水）。该单元设备的动作与信号反馈应符合设计要求。对具有自动启动功能的联动单元，采用对联动单元的相关探测器输入模拟启动信号后，该单元应能按设计要求自动启动消防泵组，打开阀门等相关设备，直至消防炮喷射灭火剂（或水幕保护系统出水）。

2. 系统验收

系统的验收应包括系统施工质量验收和系统功能验收，系统功能验收应包括启动功能验收和喷射功能验收。

（1）施工质量验收。系统施工质量验收应包括系统组件及配件的规格、型号、数量、安装位置及安装质量；管道及附件的规格、型号、位置、坡向、坡度、连接方式及安装质量；固定管道的支、吊架，管墩的位置、间距及牢固程度；管道穿防火堤、楼板、防火墙及变形缝的处理；管道和设备的防腐；消防泵房、水源和水位指示装置；电源、备用动力及电气设备符合设计要求。

（2）系统功能验收。具体如下：

①手动启动功能验收试验：使系统电源处于接通状态，各控制装置的操作按钮处于手动状态。逐个按下各消防泵组的手动操作启、停按钮，观察消防泵组的动作及反馈信号应正常；逐个按下各电控阀门的手动操作启、停按钮，观察阀门的启、闭动作及反馈信号应正常；用手动按钮或手持式无线遥控发射装置逐个操控相对应的消防炮做俯仰和水平回转动作，观察各消防炮的动作及反馈信号是否正常。观察消防炮在设计规定的回转范围内是否与消防炮塔干涉，消防炮塔的防腐涂层是否完好。对带有直流喷雾转换功能的消防炮，还应检验其喷雾动作控制功能。

②主、备电源的切换功能验收试验：系统主、备电源处于接通状态，在主电源上设定一个故障，备用电源应能自动投入运行；在备用电源上设定一个故障，主电源应能自动投入运行。

③消防泵组功能验收试验：按系统设计要求，启动消防泵组，观察该消防泵组及相关设备动作是否正常。若正常，消防泵组在设计负荷下，连续运转不应少于 2h。接通控制装置电源，并使消防泵组控制装置处于自动状态，人工启动一台消防泵组，观察该消防泵组及相关设备动作是否正常。若正常，则在消防泵组控制装置内人为设定一个故障，使之停泵。此时，备用消防泵组应能自动投入运行。消防泵组在设计负荷下，连续运转不应少

于 30min。

　　④联动控制功能验收试验：按设计的联动控制单元进行逐个检查。接通系统电源，使待检联动控制单元的被控设备均处于自动状态，按下对应的联动启动按钮，该单元应能按设计要求自动启动消防泵组，打开阀门等相关设备，直至消防炮喷射灭火剂（或水幕保护系统出水）。该单元设备的动作与信号反馈应符合设计要求。

　　⑤系统喷射功能验收：水炮、水幕、泡沫炮的实际工作压力不应小于相应的设计工作压力；保护水幕喷头的喷射高度应符合设计要求；水炮系统和泡沫炮系统自启动至喷出水或泡沫的时间不应大于 5min；干粉炮系统自启动至喷出干粉的时间不应大于 2min。

　　系统启动功能与喷射功能验收全部验收合格，方可判定为系统功能验收合格。

项目 7　防排烟系统

◎ **知识目标**：熟悉火灾烟气产生及蔓延的相关理论知识；掌握烟气的表征参数；了解防排烟工程的施工过程及关键设备，并熟悉防排烟系统设计流程及相关配合专业内容。

◎ **能力目标**：能完成消防防排烟系统设施设备安装；能完成消防防排烟系统调试；能开展消防防排烟系统设施验收及维护管理；

◎ **素质目标**：具备生命至上，以人为本的意识；具有良好的职业操守，养成行为规范、认真细致的工作态度；具有较强的团队协作精神和高度的工作责任心。

◎ **思政目标**：强化学生实践伦理教育，培养学生精益求精的大国工匠精神，激发学生科技报国的家国情怀和使命担当。

任务 7.1　防排烟系统的安装

7.1.1　一般规定及进场检验

7.1.1.1　一般规定

（1）根据防排烟系统的特点对分部、分项工程进行了划分，见表 7-1。

表 7-1　　　　　　　　　　防烟、排烟系统分部、分项工程划分表

分部工程	序号	子分部	分项工程
防烟、排烟系统	1	风管（制作）、安装	风管的制作、安装及检测、试验
	2	部件安装	排烟防火阀、送风口、排烟阀或排烟口、挡烟垂壁、排烟窗的安装
	3	风机安装	防烟、排烟及补风风机的安装
	4	系统调试	排烟防火阀、送风口、排烟阀或排烟口、挡烟垂壁、排烟窗、防烟、排烟风机的单项调试及联动调试

（2）防烟、排烟系统施工前，经批准的施工图、设计说明书等设计文件应齐全；设计单位应向施工、建设、监理单位进行技术交底；系统主要材料、部件、设备的品种、型号规

155

格应符合设计要求，并能保证正常施工；施工现场及施工中的给水、供电、供气等条件应满足连续施工作业要求；系统所需的预埋件、预留孔洞等施工前期条件应符合设计要求。

（3）防烟、排烟系统的施工现场应进行质量管理，并应按表 7-2 的要求进行检查记录。

表 7-2   施工现场质量管理检查记录

工程名称		施工许可证	
建设单位		项目负责人	
设计单位		项目负责人	
监理单位		项目负责人	
施工单位		项目负责人	
序号	项目	内容	
1	现场质量管理制度		
2	质量责任制		
3	主要专业工种人员操作上岗证书		
4	施工图审查情况		
5	施工组织设计、施工方案及审批		
6	施工技术标准		
7	工程质量检验制度		
8	现场材料、设备管理		
9	其他		
……	……		

施工单位项目负责人： （签章） 年 月 日	监理工程师： （签章） 年 月 日	建设单位项目负责人： （签章） 年 月 日

（4）防烟、排烟系统应按规定进行施工过程质量控制。施工前，应对设备、材料及配件进行现场检查，检验合格后，经监理工程师签证方可安装使用；施工应按批准的施工图、设计说明书及其设计变更通知单等文件的要求进行；各工序应按施工技术标准进行质量控制，每道工序完成后，应进行检查，检查合格后方可进入下道工序；相关各专业工种之间交接时，应进行检验，并经监理工程师签证后方可进入下道工序；施工过程质量检查内容、数量、方法应符合相关规定；施工过程质量检查应由监理工程师组织施工单位人员完成；系统安装完成后，施工单位应按相关专业调试规定进行调试；系统调试完成后，施工单位应向建设单位提交质量控制资料和各类施工过程质量检查记录。

（5）防烟、排烟系统中的送风口、排风口、排烟防火阀、送风风机、排烟风机、固定窗等应设置明显永久标识。

（6）防烟、排烟系统施工过程质量检查记录应由施工单位质量检查员按表7-2填写，监理工程师进行检查，并做出检查结论。

（7）防烟、排烟系统工程质量控制资料应按要求填写。

7.1.1.2 进场检验

（1）风管应符合规定。风管的材料品种、规格、厚度等应符合设计要求和现行国家标准的规定。当采用金属风管且设计无要求时，钢板或镀锌钢板的厚度应符合表7-3中的规定。

表 7-3   钢板风管板材厚度

风管直径 D 或长边尺寸 B （mm）	送风系统 （mm）		排风系统 （mm）
	圆形风管	矩形风管	
$D(B) \leqslant 320$	0.50	0.50	0.75
$320 < D(B) \leqslant 450$	0.60	0.60	0.75
$450 < D(B) \leqslant 630$	0.75	0.75	1.00
$630 < D(B) \leqslant 1000$	0.75	0.75	1.00
$1000 < D(B) \leqslant 1500$	1.00	1.00	1.20
$1500 < D(B) \leqslant 2000$	1.20	1.20	1.50
$2000 < D(B) \leqslant 4000$	按设计	1.20	按设计

注：（1）螺旋风管的钢板厚度可适当减小 10%~15%。

（2）不适用于防火隔墙的预埋管。

检查数量：按风管、材料加工批的数量抽查10%，且不得少于5件。

检查方法：尺量检查、直观检查，查验风管、材料质量合格证明文件、性能检验报告。

有耐火极限要求的风管的本体、框架与固定材料、密封垫料等必须为不燃材料，材料品种、规格、厚度及耐火极限等应符合设计要求和国家现行标准的规定。

检查数量：按风管、材料加工批的数量抽查10%，且不应少于5件。

检查方法：尺量检查、直观检查与点燃试验，查验材料质量合格证明文件。

（2）防烟、排烟系统中各类阀（口）应符合规定。

①排烟防火阀、送风口、排烟阀或排烟口等必须符合有关消防产品标准的规定，其型号、规格、数量应符合设计要求，手动开启灵活、关闭可靠严密。

检查数量：按种类、批抽查10%，且不得少于2个。

检查方法：测试，直观检查，查验产品的质量合格证明文件、符合国家市场准入要求的文件。

②防火阀、送风口和排烟阀或排烟口等的驱动装置，动作应可靠，在最大工作压力下工作正常。

检查数量：按批抽查 10%，且不得少于 1 件。

检查方法：测试，直观检查，查验产品的质量合格证明文件、符合国家市场准入要求的文件。

③防烟、排烟系统柔性短管的制作材料必须为不燃材料。

检查数量：全数检查。

检查方法：直观检查与点燃试验，查验产品的质量合格证明文件、符合国家市场准入要求的文件。

（3）风机应符合产品标准和有关消防产品标准的规定，其型号、规格、数量应符合设计要求，出口方向应正确。

检查数量：全数检查。

检查方法：核对，直观检查，查验产品的质量合格证明文件、符合国家市场准入要求的文件。

（4）活动挡烟垂壁及其电动驱动装置和控制装置应符合有关消防产品标准的规定，其型号、规格、数量应符合设计要求，动作可靠。

检查数量：按批抽查 10%，且不得少于 1 件。

检查方法：测试，直观检查，查验产品的质量合格证明文件、符合国家市场准入要求的文件。

（5）自动排烟窗的驱动装置和控制装置应符合设计要求，动作可靠。

检查数量：抽查 10%，且不得少于 1 件。

检查方法：测试，直观检查，查验产品的质量合格证明文件、符合国家市场准入要求的文件。

（6）防烟、排烟系统工程进场检验记录应按表 7-4 填写。

表 7-4　　　　　　　　　　　防烟、排烟系统工程进场检验检查记录

工程名称				
施工单位			监理单位	
施工执行标准名称及编号				
项　　目		质量规定对应 GB 51251—2017 章节条款	施工单位 检查记录	监理单位 检查记录
进场检验	风管	6.2.1		
	排烟防火阀、送风口、排烟阀或排烟口 以及驱动装置	6.2.2		
	风机	6.2.3		
	活动挡烟垂壁及其驱动装置	6.2.4		
	排烟窗驱动装置	6.2.5		
施工单位项目负责人：（签章）			监理工程师：（签章）	
年　月　日			年　月　日	

7.1.2 风管的制作与安装

（1）金属风管的制作和连接应符合下列规定：

①风管采用法兰连接时，风管法兰材料规格应按表 7-5 选用，其螺栓孔的间距不得大于 150mm，矩形风管法兰四角处应设有螺孔。

表 7-5 **风管法兰及螺栓规格**

风管直径 D 或风管长边尺寸 B(mm)	法兰材料规格(mm)	螺栓规格
D(B)≤630	25×3	M6
630<D(B)≤1500	30×3	M8
1500<D(B)≤2500	40×4	
2500<D(B)≤4000	50×5	M10

②板材应采用咬口连接或铆接，除镀锌钢板及含有复合保护层的钢板外，板厚大于 1.5mm 的可采用焊接。

③风管应以板材连接的密封为主，可辅以密封胶嵌缝或其他方法密封，密封面宜设在风管的正压侧。

④无法兰连接风管的薄钢板法兰高度及连接应按表 7-5 中的规定执行。

⑤排烟风管的隔热层应采用厚度不小于 40mm 的不燃绝热材料，绝热材料的施工及风管加固、导流片的设置应按现行国家标准《通风与空调工程施工质量验收规范》（GB 50243—2016）的有关规定执行。

检查数量：各系统按不小于 30%检查。

检查方法：尺量检查、直观检查。

（2）非金属风管的制作和连接应符合下列规定：

①非金属风管的材料品种、规格、性能与厚度等应符合设计和现行国家产品标准的规定。

②法兰的规格应符合表 7-6 中的规定，其螺栓孔的间距不得大于 120mm；矩形风管法兰的四角处应设有螺孔。

表 7-6 **无机玻璃钢风管法兰规格**

风管边长 B（mm）	材料规格（宽×厚）（mm）	连接螺栓
B≤400	30×4	M8
400<B≤1000	40×6	
1000<B≤2000	50×8	M10

③采用套管连接时，套管厚度不得小于风管板材的厚度。

159

④无机玻璃钢风管的玻璃布必须无碱或中碱，层数应符合现行国家标准《通风与空调工程施工质量验收规范》（GB 50243—2016）的规定，风管的表面不得出现泛卤或严重泛霜。

检查数量：各系统按不小于30%检查。

检查方法：尺量检查、直观检查。

（3）风管应按系统类别进行强度和严密性检验，其强度和严密性应符合设计要求或下列规定：

①风管强度应符合现行行业标准《通风管道技术规程》（JGJ/T 141—2017）的规定。

②金属矩形风管的允许漏风量应符合下列规定：

低压系统风管：

$$L_{\text{low}} \leq 0.1056 P_{\text{风管}}^{0.65}$$

中压系统风管：

$$L_{\text{mid}} \leq 0.0352 P_{\text{风管}}^{0.65}$$

高压系统风管：

$$L_{\text{high}} \leq 0.0117 P_{\text{风管}}^{0.65}$$

式中：L_{low}，L_{mid}，L_{high}——系统风管在相应工作压力下，单位面积风管单位时间内的允许漏风量，单位：$\text{m}^3/(\text{h} \cdot \text{m}^2)$；

$P_{\text{风管}}$——风管系统的工作压力，单位：Pa。

③风管系统类别应按表 7-7 中的规定划分。

表 7-7　　　　　　　　　　　风管系统类别划分

系统类别	系统工作压力 $P_{\text{风管}}$（Pa）
低压系统	$P_{\text{风管}} \leq 500$
中压系统	$500 < P_{\text{风管}} \leq 1500$
高压系统	$P_{\text{风管}} > 1500$

④金属圆形风管、非金属风管允许的气体漏风量应为金属矩形风管规定值的50%。

⑤排烟风管应按中压系统风管的规定。

检查数量：按风管系统类别和材质分别抽查，不应少于3件及15m²。

检查方法：检查产品合格证明文件和测试报告或进行测试。系统的强度和漏风量测试方法按现行行业标准《通风管道技术规程》（JGJ/T 141—2017）的有关规定执行。

（4）风管的安装应符合下列规定：

①风管的规格、安装位置、标高、走向应符合设计要求，且现场风管的安装不得缩小接口的有效截面。

②风管接口的连接应严密、牢固，垫片厚度不应小于3mm，不应凸入管内和法兰外；排烟风管法兰垫片应为不燃材料，薄钢板法兰风管应采用螺栓连接。

③风管吊、支架的安装应按现行国家标准《通风与空调工程施工质量验收规范》

（GB 50243—2016）的有关规定执行。

④风管与风机的连接宜采用法兰连接，或采用不燃材料的柔性短管连接。当风机仅用于防烟、排烟时，不宜采用柔性连接。

⑤风管与风机连接若有转弯处，宜加装导流叶片，以保证气流顺畅。

⑥当风管穿越隔墙或楼板时，风管与隔墙之间的空隙应采用水泥砂浆等不燃材料严密填塞。

⑦吊顶内的排烟管道应采用不燃材料隔热，并应与可燃物保持不小于 150mm 的距离。

检查数量：各系统按不小于 30%检查。

检查方法：核对材料，尺量检查、直观检查。

（5）风管（道）系统安装完毕后，应按系统类别进行严密性检验，检验应以主、干管道为主，漏风量应符合规定。

检查数量：按系统不小于 30%检查，且不应少于 1 个系统。

检查方法：系统的严密性检验测试按现行国家标准《通风与空调工程施工质量验收规范》（GB 50243—2016）的有关规定执行。

7.1.3　部件的安装

（1）排烟防火阀的安装应符合下列规定：

①型号、规格及安装的方向、位置应符合设计要求；

②阀门应顺气流方向关闭，防火分区隔墙两侧的排烟防火阀距墙端面不应大于 200mm；

③手动和电动装置应灵活、可靠，阀门应关闭严密；

④应设独立的支、吊架，当风管采用不燃材料防火隔热时，阀门安装处应有明显标识。

检查数量：各系统按不小于 30%检查。

检查方法：尺量检查、直观检查及动作检查。

（2）送风口、排烟阀或排烟口的安装位置应符合标准和设计要求，并应固定牢靠，表面平整、不变形，调节灵活；排烟口距可燃物或可燃构件的距离不应小于 1.5m。

检查数量：各系统按不小于 30%检查。

检查方法：尺量检查、直观检查。

（3）常闭送风口、排烟阀或排烟口的手动驱动装置应固定安装在明显可见、距楼地面 1.3~1.5m 之间便于操作的位置，预埋套管不得有死弯及瘪陷，手动驱动装置操作应灵活。

检查数量：各系统按不小于 30%检查。

检查方法：尺量检查、直观检查及操作检查。

（4）挡烟垂壁的安装应符合下列规定：

①型号、规格、下垂的长度和安装位置应符合设计要求；

②活动挡烟垂壁与建筑结构（柱或墙）面的缝隙不应大于 60mm，由两块或两块以上的挡烟垂帘组成的连续性挡烟垂壁，各块之间不应有缝隙，搭接宽度不应小于 100mm；

③活动挡烟垂壁的手动操作按钮应固定安装在距楼地面 1.3~1.5m 之间便于操作、明显可见处。

检查数量：全数检查。

检查方法：依据设计图核对，尺量检查、动作检查。

（5）排烟窗的安装应符合下列规定：

①型号、规格和安装位置应符合设计要求；

②安装应牢固、可靠，符合有关门窗施工验收规范要求，并应开启、关闭灵活；

③手动开启机构或按钮应固定安装在距楼地面 1.3~1.5m 之间，并应便于操作，明显可见；

④自动排烟窗驱动装置的安装应符合设计和产品技术文件要求，并应灵活、可靠。

检查数量：全数检查。

检查方法：依据设计图核对，操作检查、动作检查。

7.1.4　风机的安装

（1）风机的型号、规格应符合设计规定，其出口方向应正确，排烟风机的出口与加压送风机的进口之间的距离应符合规定：

①送风机的进风口应直通室外，且应采取防止烟气被吸入的措施；

②送风机的进风口宜设在机械加压送风系统的下部；

③送风机的进风口不应与排烟风机的出风口设在同一面上。当确有困难时，送风机的进风口与排烟风机的出风口应分开布置，且竖向布置时，送风机的进风口应设置在排烟出口的下方，其两者边缘最小垂直距离不应小于 6m；水平布置时，两者边缘最小水平距离不应小于 20m；

④送风机宜设置在系统的下部，且应采取保证各层送风量均匀性的措施；

⑤送风机应设置在专用机房内，送风机房并应符合现行国家标准《建筑设计防火规范》（GB 50016—2014，2018 年版）的规定；

⑥当送风机出风管或进风管上安装单向风阀或电动风阀时，应采取火灾时自动开启阀门的措施。

检查数量：全数检查。

检查方法：依据设计图核对、直观检查。

（2）风机外壳至墙壁或其他设备的距离不应小于 600mm。

检查数量：全数检查。

检查方法：依据设计图核对、直观检查。

（3）风机应设在混凝土或钢架基础上，且不应设置减振装置；若排烟系统与通风空调系统共用且需要设置减振装置，不应使用橡胶减振装置。

检查数量：全数检查。

检查方法：依据设计图核对、直观检查。

（4）吊装风机的支、吊架应焊接牢固、安装可靠，其结构形式和外形尺寸应符合设计或设备技术文件要求。

检查数量：全数检查。

检查方法：依据设计图核对、直观检查。

（5）风机驱动装置的外露部位应装设防护罩；直通大气的进、出风口应装设防护网或采取其他安全设施，并应设防雨措施。

检查数量：全数检查。

检查方法：依据设计图核对、直观检查。

任务7.2　防排烟系统的调试

防烟排烟系统调试在系统施工完成及与工程有关的火灾自动报警系统及联动控制设备调试合格后进行，由施工单位负责、监理单位监督，设计单位与建设单位参与和配合。系统调试包括单机调试和联动调试。

7.2.1　一般规定

（1）系统调试应在系统施工完成及与工程有关的火灾自动报警系统及联动控制设备调试合格后进行。

（2）系统调试所使用的测试仪器和仪表，性能应稳定可靠，其精度等级及最小分度值应能满足测定的要求，并应符合国家有关计量法规及检定规程的规定。

（3）系统调试应由施工单位负责、监理单位监督，设计单位与建设单位参与和配合。

（4）系统调试前，施工单位应编制调试方案，报送专业监理工程师审核批准；调试结束后，必须提供完整的调试资料和报告。

（5）系统调试应包括设备单机调试和系统联动调试，并按表7-8填写调试记录。

表7-8　　　　　　　　　　防烟、排烟系统调试检查记录

工程名称			
施工单位		监理单位	
施工执行标准名称及编号			
项　　目	对应 GB51251—2017 章节条款	施工单位 检查记录	监理单位 检查记录
单机调试　排烟防火阀调试	7.2.1		
常闭送风口、排烟阀或排烟口调试	7.2.2		
活动挡烟垂壁调试	7.2.3		
自动排烟窗调试	7.2.4		
送风机、排烟风机调试	7.2.5		
机械加压送风系统调试	7.2.6		
机械排烟系统调试	7.2.7		

续表

项　目		对应 GB51251—2017 章节条款	施工单位 检查记录	监理单位 检查记录
系统联动调试	机械加压送风联动调试	7.3.1		
	机械排烟联动调试	7.3.2		
	自动排烟窗联动调试	7.3.3		
	活动挡烟垂壁联动调试	7.3.4		
调试人员（签字）				年　月　日
施工单位项目负责人：（签章）		监理工程师：（签章）		
		年　月　日	年　月　日	

7.2.2　单机调试

7.2.2.1　防火阀、排烟防火阀的调试

（1）进行手动关闭、复位试验，阀门动作应灵敏、可靠，关闭应严密；

（2）模拟火灾，相应区域火灾报警后，同一防火区域内阀门应联动关闭；

（3）阀门关闭后的状态信号应能反馈到消防控制室；

（4）阀门关闭后应能联动相应的风机停止。

7.2.2.2　送风口、排烟阀（口）的调试

（1）进行手动开启、复位试验，阀门动作应灵敏、可靠，远距离控制机构的脱扣钢丝连接应不松弛、不脱落；

（2）模拟火灾，相应区域火灾报警后，同一防火区域内阀门应联动开启；

（3）阀门开启后的状态信号应能反馈到消防控制室；

（4）阀门开启后，应能联动相应的风机启动。

7.2.2.3　挡烟垂壁的调试

（1）手动操作挡烟垂壁按钮进行开启、复位试验，挡烟垂壁应灵敏、可靠地启动与到位后停止，下降高度符合设计要求；

（2）模拟火灾，相应区域火灾报警后，同一防火区域内挡烟垂壁应联动下降到设计高度；

（3）挡烟垂壁下降到设计高度后应能将状态信号反馈到消防控制室。

7.2.2.4　自动排烟窗的调试

（1）手动操作排烟窗按钮进行开启、关闭试验，排烟窗动作应灵敏、可靠，完全开

启时间应符合设计;

(2) 模拟火灾,相应区域火灾报警后,同一防火区域内排烟窗应能联动开启;

(3) 排烟窗完全开启后,状态信号应反馈到消防控制室。

7.2.2.5　送风机、排烟风机的调试

(1) 手动开启风机,风机应正常运转 2h,叶轮旋转方向应正确、运转平稳、无异常振动与声响;

(2) 核对风机的铭牌值,并测定风机的风量、风压、电流和电压,其结果应与设计相符;

(3) 在消防控制室手动控制风机的启动、停止;风机的启动、停止状态信号应能反馈到消防控制室。

7.2.2.6　机械加压送风系统的调试

根据设计模式,开启送风机,分别在系统的不同位置打开送风口,测试送风口处的风速,以及楼梯间、前室、合用前室、消防电梯前室、封闭避难层(间)的余压值,分别达到设计要求。

7.2.2.7　机械排烟系统的调试

根据设计模式,开启排烟风机和相应的排烟阀(口),测试风机排烟量和排烟阀(口)处的风量值和风速应到设计要求。测试机械排烟系统,还要开启补风机和相应的补风口,送风口处的风量值和风速应达到设计要求。

7.2.3　系统联动调试

7.2.3.1　机械加压送风系统的联动调试方法及要求

应符合下列规定:

(1) 当任何一个常闭送风口开启时,相应的送风机均应能联动启动;

(2) 与火灾自动报警系统联动调试时,当火灾自动报警探测器发出火警信号后,应在 15s 内启动与设计要求一致的送风口、送风机,且其联动启动方式应符合现行国家标准《火灾自动报警系统设计规范》(GB 50116—2013)的规定,其状态信号应反馈到消防控制室。

调试数量:全数调试。

7.2.3.2　机械排烟系统的联动调试方法及要求

应符合下列规定:

(1) 当任何一个常闭排烟阀或排烟口开启时,排烟风机均应能联动启动。

(2) 应与火灾自动报警系统联动调试。当火灾自动报警系统发出火警信号后,机械排烟系统应启动有关部位的排烟阀或排烟口、排烟风机;启动的排烟阀或排烟口、排烟风机

应与设计和标准要求一致，其状态信号应反馈到消防控制室。

（3）有补风要求的机械排烟场所，当火灾确认后，补风系统应启动。

（4）排烟系统与通风、空调系统合用，当火灾自动报警系统发出火警信号后，由通风、空调系统转换为排烟系统的时间应符合规定要求。

调试数量：全数调试。

7.2.3.3　自动排烟窗的联动调试方法及要求

应符合下列规定：

（1）自动排烟窗应在火灾自动报警系统发出火警信号后联动开启到符合要求的位置；

（2）动作状态信号应反馈到消防控制室。

调试数量：全数调试。

7.2.3.4　活动挡烟垂壁的联动调试方法及要求

应符合下列规定：

（1）活动挡烟垂壁应在火灾报警后联动下降到设计高度；

（2）动作状态信号应反馈到消防控制室。

调试数量：全数调试。

任务 7.3　防排烟系统的验收

7.3.1　一般规定

（1）系统竣工后，应进行工程验收，验收不合格不得投入使用。

（2）工程验收工作应由建设单位负责，并应组织设计、施工、监理等单位共同进行。

（3）系统验收时应按要求填写防烟、排烟系统及隐蔽工程验收记录表。

（4）工程竣工验收时，施工单位应提供下列资料：

①竣工验收申请报告；

②施工图、设计说明书、设计变更通知书和设计审核意见书、竣工图；

③工程质量事故处理报告；

④防烟、排烟系统施工过程质量检查记录；

⑤防烟、排烟系统工程质量控制资料检查记录。

7.3.2　工程验收

（1）防烟、排烟系统观感质量的综合验收方法及要求应符合下列规定：

①风管表面应平整、无损坏；接管合理，风管的连接以及风管与风机的连接应无明显缺陷；

②风口表面应平整，颜色一致，安装位置正确，风口可调节部件应能正常动作；

③各类调节装置安装应正确牢固、调节灵活、操作方便；

④风管、部件及管道的支、吊架形式、位置及间距应符合要求；

⑤风机的安装应正确牢固；

检查数量：各系统按 30% 抽查。

（2）防烟、排烟系统设备手动功能的验收方法及要求应符合下列规定：

①送风机、排烟风机应能正常手动启动和停止，状态信号应在消防控制室显示；

②送风口、排烟阀或排烟口应能正常手动开启和复位，阀门关闭严密，动作信号应在消防控制室显示；

③活动挡烟垂壁、自动排烟窗应能正常手动开启和复位，动作信号应在消防控制室显示。

检查数量：各系统按 30% 抽查。

（3）防烟、排烟系统设备应按设计联动启动，其功能验收方法及要求应符合下列规定：

①送风口的开启和送风机的启动应符合相关的规定；

②排烟阀或排烟口的开启和排烟风机的启动应符合规定要求；

③活动挡烟垂壁开启到位的时间应符合相关规定；

④自动排烟窗开启完毕的时间应符合相关规定；

⑤补风机的启动应符合相关规定；

⑥各部件、设备动作状态信号应在消防控制室显示。

检查数量：全数检查。

（4）自然通风及自然排烟设施验收，下列项目应达到设计和标准要求：

①封闭楼梯间、防烟楼梯间、前室及消防电梯前室可开启外窗的布置方式和面积；

②避难层（间）可开启外窗或百叶窗的布置方式和面积；

③设置自然排烟场所的可开启外窗、排烟窗、可熔性采光带（窗）的布置方式和面积。

检查数量：各系统按 30% 检查。

（5）机械防烟系统的验收方法及要求应符合下列规定：

①选取送风系统末端所对应的送风最不利的三个连续楼层模拟起火层及其上下层，封闭避难层（间）仅需选取本层，测试前室及封闭避难层（间）的风压值及疏散门的门洞断面风速值应符合规定，且偏差不大于设计值的 10%；

②对楼梯间和前室的测试应单独分别进行，且互不影响；

③测试楼梯间和前室疏散门的门洞断面风速时，应同时开启三个楼层的疏散门。

检查数量：全数检查。

（6）机械排烟系统的性能验收方法及要求应符合下列规定：

①开启任一防烟分区的全部排烟口，风机启动后测试排烟口处的风速，风速、风量应符合设计要求且偏差不大于设计值的 10%；

②设有补风系统的场所，应测试补风口风速，风速、风量应符合设计要求且偏差不大于设计值的 10%。

检查数量：各系统全数检查。

（7）系统工程质量验收判定条件应符合下列规定：

①系统的设备、部件型号规格与设计不符，无出厂质量合格证明文件及符合国家市场准入制度规定的文件，系统验收不符合规定功能及主要性能参数要求的，定为 A 类不合格。

②不符合以下任一款要求的，定为 B 类不合格：

a. 竣工验收申请报告；

b. 施工图、设计说明书、设计变更通知书和设计审核意见书、竣工图；

c. 工程质量事故处理报告；防烟、排烟系统施工过程质量检查记录；

d. 防烟、排烟系统工程质量控制资料检查记录。

③不符合以下任一款要求的定为 C 类不合格：

a. 风管表面应平整、无损坏；接管合理，风管的连接以及风管与风机的连接应无明显缺陷；

b. 风口表面应平整，颜色一致，安装位置正确，风口可调节部件应能正常动作；

c. 各类调节装置安装应正确牢固、调节灵活、操作方便；

d. 风管、部件及管道的支、吊架形式、位置及间距应符合要求；

e. 风机的安装应正确牢固。

④系统验收合格判定应为：A＝0 且 B≤2，B+C≤6 为合格，否则为不合格。

项目 8　其他建筑消防设施

◎ **知识目标：** 熟悉应急照明及疏散指示系统的安装、调试与验收要求；熟悉防火门、防火窗、防火卷帘系统的安装、调试与验收要求；熟悉消防电梯的安装、调试与验收要求。

◎ **能力目标：** 能够进行应急照明及疏散指示系统的安装、调试与验收；能够进行防火门、防火窗、防火卷帘系统的安装、调试与验收；能够进行消防电梯的安装、调试与验收。

◎ **素质目标：** 培养学生分析问题、解决问题、独立思考的能力。

◎ **思政目标：** 推动学生树立"钻研业务，精益求精"的工匠精神，追求突破，勇于革新开拓进取，用新思想新思路实现工作质量的提升。

任务 8.1　应急照明及疏散指示系统的安装、调试与验收

8.1.1　一般规定及进场检验

8.1.1.1　一般规定

（1）系统的子分部、分项工程应按表 8-1 划分。

表 8-1　　　　　　消防应急照明和疏散指示系统子分部、分项工程划分表

序号	子分部工程	分项工程	
1	材料、设备进场检查	材料类	管材、槽盒、电缆电线
		控制设备	应急照明控制器
		供配电设备	集中电源、应急照明配电箱
		灯具	照明灯、出口标志灯、方向标志灯、楼层标志灯、多信息复合标志灯
2	系统线路设计检查	灯具配电线路	
		系统通信线路	

序号	子分部工程	分 项 工 程	
3	安装与施工	布线	管材、槽盒、电缆电线
		系统部件安装	应急照明控制器
			集中电源、应急照明配电箱
			照明灯、出口标志灯、方向标志灯、楼层标志灯、多信息复合标志灯
4	系统调试	系统部件功能	应争照明控制器
			集中电源、应急照明配电箱
		系统功能	非火灾状态下的系统功能、火灾状态下的系统控制功能
			备用照明的系统功能
5	系 统 检 测、验收	系统类型和功能选择	集中控制型
			非集中控制型
		系统线路设计检查	灯具配电线路
			系统通信线路
		布线	管材、槽盒、电缆电线
		系统部件安装和功能	应急照明控制器
			集中电源、应急照明配电箱
			照明灯、出口标志灯、方向标志灯、楼层标志灯、多信息复合标志灯
		系统功能	非火灾状态下的系统功能、火灾状态下的系统控制功能
			备用照明的系统功能

（2）系统的施工应按设计文件要求编写施工方案，施工现场应具有必要的施工技术标准、健全的施工质量管理体系和工程质量检验制度，建设单位应组织监理单位进行检查，并应按表 8-2 的规定填写有关记录。

表 8-2　　　　　　　　　　**施工现场质量管理检查记录表**

工程名称			建设单位			
监理单位			设计单位			
序号	项 目		监理单位检查结果			
			合格	不合格	不合格说明	
1	现场质量管理制度		□	□		
2	质量责任制		□	□		

序号	项 目	监理单位检查结果		
		合格	不合格	不合格说明
3	主要专业工种人员操作上岗证书	☐	☐	
4	施工图审查情况	☐	☐	
5	施工组织设计、施工方案及审批	☐	☐	
6	施工技术标准	☐	☐	
7	工程质量检验制度	☐	☐	
8	现场材料、设备管理	☐	☐	
9	其他项目	☐	☐	
检查结论	合格☐		不合格☐	
建设单位项目负责人： （签章） 年 月 日	监理工程师： （签章） 年 月 日		施工单位项目负责人： （签章） 年 月 日	

（3）系统施工前，应具备下列条件：

①应具备下列经批准的消防设计文件：系统图；各防火分区、楼层、隧道区间、地铁站厅或站台的疏散指示方案；设备布置平面图、接线图，安装图；系统控制逻辑设计文件。

②系统设备的现行国家标准、系统设备的使用说明书等技术资料齐全。

③设计单位向建设、施工、监理单位进行技术交底，明确相应技术要求。

④材料、系统部件及配件齐全，规格、型号符合设计要求，能够保证正常施工。

⑤经检查，与系统施工相关的预埋件、预留孔洞等符合设计要求。

⑥施工现场及施工中使用的水、电、气能够满足连续施工的要求。

（4）系统的施工，应按照批准的工程设计文件和施工技术标准进行。

（5）系统施工过程的质量控制，应符合下列规定：

①监理单位应按规定的检查项目、检查内容和检查方法，组织施工单位对材料、系统部件及配件进行进场检查，并按规定填写记录，检查不合格者不得使用。

②系统施工过程中，施工单位应做好施工、设计变更等相关记录。

③各工序应按照施工技术标准进行质量控制，每道工序完成后应进行检查；相关各专业工种之间交接时，应经监理工程师检验认可；如不合格，应进行整改，检查合格后方可进入下一道工序。

④监理工程师应按照施工区域的划分、系统的安装工序及表 8-3 中规定的检查项目、检查内容和检查方法，组织施工单位人员对系统的安装质量进行全数检查，并按表 8-3 的

规定填写记录。隐蔽工程的质量检查宜保留现场照片或视频记录。

表 8-3　　**系统材料和设备进场检查、系统线路设计检查、安装质量检查记录表**

工程名称				施工单位		监理单位		
子分部工程名称		□进场检查　□系统线路设计　□安装质量		执行规范名称及编号		《电气装置安装工程爆炸和火灾危险环境电气装置施工及验收规范》（GB 50257—2014）、《建筑电气工程施工质量验收规范》（GB 50303—2015）		
施工区域编号	项目	条款	检 查 内 容			施工单位检查记录		监理单位检查记录

施工区域编号	项目	条款	检查要求	检查方法	合格	不合格	说明	合格	不合格	说明
1　进场检查										
区域编号	Ⅰ　类型：☆材料									
	文件资料	4.2.1	应提供清单、有效的质量合格证明文件和国家法定质检机构的检验报告	核查文件是否齐全，质量合格证明文件和检验报告是否有效	□	□		□	□	
	Ⅱ　类型：☆应急照明控制器、☆集中电源、☆应急照明配电箱、☆灯具及配件									
	1　文件资料	4.2.1	1　应提供清单、说明书、检验报告、认证证书和认证标识	核查文件是否齐全，检验报告、认证证书和认证标识是否有效	□	□		□	□	
		4.2.2	2　产品名称、型号、规格应与认证证书和检验报告一致	对照认证证书和检验报告核查产品的名称、型号、规格	□	□		□	□	
	2　选型	4.2.3	规格、型号应符合设计文件的规定	对照设计文件，核查设备的规格、型号	□	□		□	□	
	3　外观检查	4.2.4	表面应无明显划痕、毛刺等机械损伤，紧固部位应无松动	检查设备及配件的外观，用手感检查设备的紧固部位	□	□		□	□	

⑤系统施工结束后，施工单位应完成竣工图及竣工报告。

（6）系统部件的选型、设置数量和设置部位应标准和设计文件的规定。

（7）在有爆炸危险性场所，系统的布线和部件的安装，应符合现行国家标准《电气装置安装工程爆炸和火灾危险环境电气装置施工及验收规范》（GB 50257—2014）的相关规定。

8.1.1.2　材料、设备进场检验

（1）材料、系统部件及配件进入施工现场应有清单、使用说明书、质量合格证明文件、国家法定质检机构的检验报告、认证证书和认证标识等文件。

（2）系统中的应急照明控制器、集中电源、应急照明配电箱、灯具应是通过国家认证的产品，产品名称、型号、规格应与认证证书和检验报告一致。

（3）系统部件及配件的规格、型号应符合设计文件的规定。

（4）系统部件及配件表面应无明显划痕、毛刺等机械损伤，紧固部位应无松动。

8.1.2　布线

（1）系统线路的防护方式应符合下列规定：

①系统线路暗敷时，应采用金属管、可弯曲金属电气导管或 B1 级及以上的刚性塑料管保护；

②系统线路明敷设时，应采用金属管、可弯曲金属电气导管或槽盒保护；

③矿物绝缘类不燃性电缆可直接明敷。

（2）各类管路明敷时，应在下列部位设置吊点或支点，吊杆直径不应小于 6mm：

①管路始端、终端及接头处；

②距接线盒 0.2m 处；

③管路转角或分支处；

④直线段不大于 3m 处。

（3）各类管路暗敷时，应敷设在不燃性结构内，且保护层厚度不应小于 30mm。

（4）管路经过建、构筑物的沉降缝、伸缩缝、抗震缝等变形缝处，应采取补偿措施。

（5）敷设在地面上、多尘或潮湿场所管路的管口和管子连接处，均应做防腐蚀、密封处理。

（6）符合下列条件时，管路应在便于接线处装设接线盒：

①管子长度每超过 30m，无弯曲时；

②管子长度每超过 20m，有 1 个弯曲时；

③管子长度每超过 10m，有 2 个弯曲时；

④管子长度每超过 8m，有 3 个弯曲时。

（7）金属管子入盒，盒外侧应套锁母，内侧应装护口；在吊顶内敷设时，盒的内外侧均应套锁母。塑料管入盒应采取相应固定措施。

（8）槽盒敷设时，应在下列部位设置吊点或支点，吊杆直径不应小于 6mm：

①槽盒始端、终端及接头处；

②槽盒转角或分支处；

③直线段不大于 3m 处。

（9）槽盒接口应平直、严密，槽盖应齐全、平整、无翘角；并列安装时，槽盖应便于开启。

（10）导线的种类、电压等级应符合规定。

（11）在管内或槽盒内的布线，应在建筑抹灰及地面工程结束后进行，管内或槽盒内不应有积水及杂物。

（12）系统应单独布线。除设计要求以外，不同回路、不同电压等级、交流与直流的线路，不应布在同一管内或槽盒的同一槽孔内。

（13）线缆在管内或槽盒内，不应有接头或扭结；导线应在接线盒内采用焊接、压接、接线端子可靠连接。

（14）在地面上、多尘或潮湿场所，接线盒和导线的接头应做防腐蚀和防潮处理；具有 IP 防护等级要求的系统部件，其线路中接线盒应达到与系统部件相同的 IP 防护等级要求。

（15）从接线盒、管路、槽盒等处引到系统部件的线路，当采用可弯曲金属电气导管保护时，其长度不应大于 2m，且金属导管应入盒并固定。

（16）线缆跨越建、构筑物的沉降缝、伸缩缝、抗震缝等变形缝的两侧应固定，并留有适当余量。

（17）系统的布线，除应符合上述规定外，还应符合现行国家标准《建筑电气工程施工质量验收规范》（GB 50303—2015）的相关规定。

（18）系统导线敷设结束后，应用 500V 兆欧表测量每个回路导线对地的绝缘电阻，且绝缘电阻值不应小于 20MΩ。

8.1.3 应急照明控制器、集中电源、应急照明配电箱安装

（1）应急照明控制器、集中电源、应急照明配电箱的安装应符合下列规定：
①应安装牢固，不得倾斜；
②在轻质墙上采用壁挂方式安装时，应采取加固措施；
③落地安装时，其底边宜高出地（楼）面 100~200mm；
④设备在电气竖井内安装时，应采用下出口进线方式；
⑤设备接地应牢固，并应设置明显标识。

（2）应急照明控制器或集中电源的蓄电池（组），需进行现场安装时，应核对蓄电池（组）的规格、型号、容量，并应符合设计文件的规定，蓄电池（组）的安装应符合产品使用说明书的要求。

（3）应急照明控制器主电源应设置明显的永久性标识，并应直接与消防电源连接，严禁使用电源插头；应急照明控制器与其外接备用电源之间应直接连接。

（4）集中电源的前部和后部应适当留出更换蓄电池（组）的作业空间。

（5）应急照明控制器、集中电源和应急照明配电箱的接线应符合下列规定：
①引入设备的电缆或导线，配线应整齐，不宜交叉，并应固定牢靠；
②线缆芯线的端部，均应标明编号，并与图纸一致，字迹应清晰且不易褪色；
③端子板的每个接线端，接线不得超过 2 根；
④线缆应留有不小于 200mm 的余量；
⑤导线应绑扎成束；
⑥线缆穿管、槽盒后，应将管口、槽口封堵。

8.1.4　灯具安装

8.1.4.1　一般规定

（1）灯具应固定安装在不燃性墙体或不燃性装修材料上，不应安装在门、窗或其他可移动的物体上。

（2）灯具安装后不应对人员正常通行产生影响，灯具周围应无遮挡物，并应保证灯具上的各种状态指示灯易于观察。

（3）灯具在顶棚、疏散走道或通道的上方安装时，应符合下列规定：

①照明灯可采用嵌顶、吸顶和吊装式安装。

②标志灯可采用吸顶和吊装式安装；室内高度大于 3.5m 的场所，特大型、大型、中型标志灯宜采用吊装式安装。

③灯具采用吊装式安装时，应采用金属吊杆或吊链，吊杆或吊链上端应固定在建筑构件上。

（4）灯具在侧面墙或柱上安装时，应符合下列规定：

①可采用壁挂式或嵌入式安装；

②安装高度距地面不大于 1m 时，灯具表面凸出墙面或柱面的部分不应有尖锐角、毛刺等突出物，凸出墙面或柱面最大水平距离不应超过 20mm。

（5）非集中控制型系统中，自带电源型灯具采用插头连接时，应采用专用工具方可拆卸。

8.1.4.2　照明灯安装

（1）照明灯宜安装在顶棚上。

（2）当条件限制时，照明灯可安装在走道侧面墙上，并应符合下列规定：

①安装高度不应在距地面 1~2m；

②在距地面 1m 以下侧面墙上安装时，应保证光线照射在灯具的水平线以下。

（3）照明灯不应安装在地面上。

8.1.4.3　标志灯安装

（1）标志灯的标志面宜与疏散方向垂直。

（2）出口标志灯的安装应符合下列规定：

①应安装在安全出口或疏散门内侧上方居中的位置；受安装条件限制标志灯无法安装在门框上侧时，可安装在门的两侧，但门完全开启时，标志灯不能被遮挡。

②室内高度不大于 3.5m 的场所，标志灯底边离门框距离不应大于 200mm；室内高度大于 3.5m 的场所，特大型、大型、中型标志灯底边距地面高度不宜小于 3m，且不宜大于 6m。

③采用吸顶或吊装式安装时，标志灯距安全出口或疏散门所在墙面的距离不宜大于 50mm。

（3）方向标志灯的安装，应符合下列规定：

①应保证标志灯的箭头指示方向与疏散指示方案一致。

②安装在疏散走道、通道两侧的墙面或柱面上时,标志灯底边距地面的高度应小于1m。

③安装在疏散走道、通道上方时,对室内高度不大于3.5m的场所,标志灯底边距地面的高度宜为2.2~2.5m;对室内高度大于3.5m的场所,特大型、大型、中型标志灯底边距地面高度不宜小于3m,且不宜大于6m。

④当安装在疏散走道、通道转角处的上方或两侧时,标志灯与转角处边墙的距离不应大于1m。

⑤当安全出口或疏散门在疏散走道侧边时,在疏散走道增设的方向标志灯应安装在疏散走道的顶部,且标志灯的标志面应与疏散方向垂直、箭头应指向安全出口或疏散门。

⑥当安装在疏散走道、通道的地面上时,应符合下列规定:

a. 标志灯应安装在疏散走道、通道的中心位置;

b. 标志灯的所有金属构件应采用耐腐蚀构件或做防腐处理,标志灯配电、通信线路的连接应采用密封胶密封;

c. 标志灯表面应与地面平行,高于地面距离不应大于3mm,标志灯边缘与地面垂直距离高度不应大于1mm。

(4)楼层标志灯应安装在楼梯间内朝向楼梯的正面墙上,标志灯底边距地面的高度宜为2.2~2.5m。

(5)多信息复合标志灯的安装,应符合下列规定:

①在安全出口、疏散出口附近设置的标志灯,应安装在安全出口、疏散出口附近疏散走道、疏散通道的顶部;

②标志灯的标志面应与疏散方向垂直、指示疏散方向的箭头应指向安全出口、疏散出口。

8.1.5 系统调试

8.1.5.1 一般规定

(1)施工结束后,建设单位应根据设计文件和本章的规定,按照表8-4中的检查项目、检查内容和检查方法,组织施工单位或设备制造企业,对系统进行调试,并按表8-4的规定填写记录;系统调试前,应编制调试方案。

(2)系统调试应包括系统部件的功能调试和系统功能调试,并应符合下列规定:

①对应急照明控制器、集中电源、应急照明配电箱、灯具的主要功能进行全数检查,应急照明控制器、集中电源、应急照明配电箱、灯具的主要功能、性能应符合现行国家标准《消防应急照明和疏散指示系统》(GB 17945—2010)的规定;

②对系统功能进行检查,系统功能应符合本章和设计文件的规定;

③主要功能、性能不符合现行国家标准《消防应急照明和疏散指示系统》(GB 17945—2010)规定的系统部件应予以更换,系统功能不符合设计文件规定的项目应进行整改,并应重新进行调试。

表 8-4　　　**文件资料、系统形式选择、系统线路设计、布线工程检测和验收记录**

工程名称				子分部工程名称		□检测　　□验收			
施工单位		项目负责人		调试单位		监理单位		监理工程师	
执行规范名称及编号		《电气装置安装工程　爆炸和火灾危险环境电气装置施工及验收规范》（GB 50257—2014）、《建筑电气工程施工质量验收规范》（GB 50303—2015）							
防火分区、楼层、隧道区间、地铁站台和站厅数量		Z	检测数量	全部区域		验收数量	应符合本标准 6.0.2 的规定		

编号	项目	条款	子项（检测、验收内容）		检测、验收结果		
			调试、检测、验收要求	调试、检测、验收方法	合格	不合格	说明
1　文件资料							
一	文件资料的齐全、符合性	6.0.3	1　竣工验收申请报告、设计变更通知书、竣工图	逐一对施工单位提供的文件资料进行齐备性、符合性核查	□		B
			2　工程质量事故处理报告				
			3　施工现场质量管理检查记录				
			4　系统安装过程质量检查记录				
			5　系统部件的现场设置情况记录				
			6　系统控制逻辑编辑记录				
			7　系统调试记录				
			8　系统设备的检验报告、合格证及相关材料				

（3）系统部件功能调试或系统功能调试结束后，应恢复系统部件之间的正常连接，并使系统部件恢复正常工作状态。

（4）系统调试结束后，应编写调试报告；施工单位、设备制造企业应向建设单位提交系统竣工图，材料、系统部件及配件进场检查记录，安装质量检查记录，调试记录及产品检验报告，合格证明材料等相关材料。

8.1.5.2　调试准备

（1）系统调试前，应按设计文件的规定，对系统部件的规格、型号、数量、备品备件等进行查验，并按规定对系统的线路进行检查。

（2）集中控制型系统调试前，应对灯具、集中电源或应急照明配电箱进行地址设置及地址注释，并应符合下列规定：

①应对应急照明控制器配接的灯具、集中电源或应急照明配电箱进行地址编码，每一

台灯具、集中电源或应急照明配电箱应对应一个独立的识别地址；

②应急照明控制器应对其配接的灯具、集中电源或应急照明配电箱进行地址注册，并录入地址注释信息；

③应按规定填写系统部件设置情况记录。

（3）集中控制型系统调试前，应对应急照明控制器进行控制逻辑编程，并应符合下列规定：

①应按照系统控制逻辑设计文件的规定，进行系统自动应急启动、相关标志灯改变指示状态控制逻辑编程，并录入应急照明控制器中；

②应按规定填写应急照明控制器控制逻辑编程记录。

（4）系统调试前，应具备下列技术文件：

①系统图；

②各防火分区、楼层、隧道区间、地铁站台和站厅的疏散指示方案和系统各工作模式设计文件；

③系统部件的现行国家标准、使用说明书、平面布置图和设置情况记录；

④系统控制逻辑设计文件等必要的技术文件。

（5）应对系统中的应急照明控制器、集中电源和应急照明配电箱应分别进行单机通电检查。

8.1.5.3　应急照明控制器、集中电源和应急照明配电箱的调试

1. 应急照明控制器调试

（1）应将应急照明控制器与配接的集中电源、应急照明配电箱、灯具相连接后，接通电源，使控制器处于正常监视状态。

（2）应对控制器进行下列主要功能进行检查并记录，控制器的功能应符合现行国家标准《消防应急照明和疏散指示系统》（GB 17945—2010）的规定：①自检功能；②操作级别；③主、备电源的自动转换功能；④故障报警功能；⑤消音功能；⑥一键检查功能。

2. 集中电源调试

（1）应将集中电源与灯具相连接后，接通电源，集中电源应处于正常工作状态。

（2）应对集中电源下列主要功能进行检查并记录，集中电源的功能应符合现行国家标准《消防应急照明和疏散指示系统》（GB 17945—2010）的规定：①操作级别；②故障报警功能；③消音功能；④电源分配输出功能；⑤集中控制型集中电源转换手动测试功能；⑥集中控制型集中电源通信故障连锁控制功能；⑦集中控制型集中电源灯具应急状态保持功能。

3. 应急照明配电箱调试

（1）应接通应急照明配电箱的电源，使应急照明配电箱处于正常工作状态。

（2）应对应急照明配电箱进行下列主要功能检查并记录，应急照明配电箱的功能应

符合现行国家标准《消防应急照明和疏散指示系统》（GB 17945—2010）的规定：①主电源分配输出功能；②集中控制型应急照明配电箱主电源输出关断测试功能；③集中控制型应急照明配电箱通信故障连锁控制功能；④集中控制型应急照明配电箱灯具应急状态保持功能。

8.1.5.4 集中控制型系统的系统功能调试

1. 非火灾状态下的系统功能调试

（1）系统功能调试前，集中电源的蓄电池组、灯具自带的蓄电池应连续充电24h。

（2）根据系统设计文件的规定，应对系统的正常工作模式进行检查并记录，系统的正常工作模式应符合下列规定：①灯具采用集中电源供电时，集中电源应保持主电源输出；灯具采用自带蓄电池供电时，应急照明配电箱应保持主电源输出；②系统内所有照明灯的工作状态应符合设计文件的规定；③系统内所有标志灯的工作状态应符合规定。

（3）切断集中电源、应急照明配电箱的主电源，根据系统设计文件的规定，对系统的主电源断电控制功能进行检查并记录，系统的主电源断电控制功能应符合下列规定：①集中电源应转入蓄电池电源输出、应急照明配电箱应切断主电源输出；②应急照明控制器应开始主电源断电持续应急时间计时；③集中电源、应急照明配电箱配接的非持续型照明灯的光源应应急点亮、持续型灯具的光源应由节电点亮模式转入应急点亮模式；④恢复集中电源、应急照明配电箱的主电源供电，集中电源、应急照明配电箱配接灯具的光源应恢复原工作状态；⑤使灯具持续应急点亮时间达到设计文件规定的时间，集中电源、应急照明配电箱配接灯具的光源应熄灭。

（4）切断防火分区、楼层、隧道区间、地铁站台和站厅正常照明配电箱的电源，根据系统设计文件的规定，对系统的正常照明断电控制功能进行检查并记录，系统的正常照明断电控制功能应符合下列规定：①该区域非持续型照明灯的光源应应急点亮、持续型灯具的光源应由节电点亮模式转入应急点亮模式；②恢复正常照明应急照明配电箱的电源供电，该区域所有灯具的光源应恢复原工作状态。

2. 火灾状态下的系统控制功能调试

（1）系统功能调试前，应将应急照明控制器与火灾报警控制器、消防联动控制器相连，使应急照明控制器处于正常监视状态。

（2）根据系统设计文件的规定，使火灾报警控制器发出火灾报警输出信号，对系统的自动应急启动功能进行检查并记录，系统的自动应急启动功能应符合下列规定：①应急照明控制器应发出系统自动应急启动信号，显示启动时间；②系统内所有的非持续型照明灯的光源应应急点亮、持续型灯具的光源应由节电点亮模式转入应急点亮模式，灯具光源应急点亮的响应时间应符合规定；③B型集中电源应转入蓄电池电源输出、B型应急照明配电箱应切断主电源输出；④A型集中电源、A型应急照明配电箱应保持主电源输出；切断集中电源的主电源，集中电源应自动转入蓄电池电源输出。

（3）根据系统设计文件的规定，使消防联动控制器发出被借用防火分区的火灾报警区域信号，对需要借用相邻防火分区疏散的防火分区中标志灯指示状态的改变功能进行检查并记录，标志灯具的指示状态改变功能应符合下列规定：①应急照明控制器应发出控制标志灯指示状态改变的启动信号，显示启动时间；②该防火分区内，按不可借用相邻防火分区疏散工况条件对应的疏散指示方案，需要变换指示方向的方向标志灯应改变箭头指示方向，通向被借用防火分区入口的出口标志灯的"出口指示标志"的光源应熄灭，"禁止入内"指示标志的光源应应急点亮；灯具改变指示状态的响应时间应符合规定；③该防火分区内其他标志灯的工作状态应保持不变。

（4）根据系统设计文件的规定，使消防联动控制器发出代表相应疏散预案的消防联动控制信号，对需要采用不同疏散预案的交通隧道、地铁隧道、地铁站台和站厅等场所中标志灯指示状态的改变功能进行检查并记录，标志灯具的指示状态改变功能应符合下列规定：①应急照明控制器应发出控制标志灯指示状态改变的启动信号，显示启动时间；②该区域内，按照对应的疏散指示方案需要变换指示方向的方向标志灯应改变箭头指示方向，通向需要关闭的疏散出口处设置的出口标志灯"出口指示标志"的光源应熄灭，"禁止入内"指示标志的光源应应急点亮；灯具改变指示状态的响应时间应符合规定；③该区域内其他标志灯的工作状态应保持不变。

（5）手动操作应急照明控制器的一键启动按钮，对系统的手动应急启动功能进行检查并记录，系统的手动应急启动功能应符合下列规定：①应急照明控制器应发出手动应急启动信号，显示启动时间；②系统内所有的非持续型照明灯的光源应应急点亮、持续型灯具的光源应由节电点亮模式转入应急点亮模式；③集中电源应转入蓄电池电源输出、应急照明配电箱应切断主电源的输出；④照明灯设置部位地面水平最低照度应符合规定；⑤灯具点亮的持续工作时间应符合规定。

8.1.5.5 非集中控制型系统的系统功能调试

1. 非火灾状态下的系统功能调试

（1）系统功能调试前，集中电源的蓄电池组、灯具自带的蓄电池应连续充电 24h。

（2）根据系统设计文件的规定，对系统的正常工作模式进行检查并记录，系统的正常工作模式应符合下列规定：①集中电源应保持主电源输出、应急照明配电箱应保持主电源输出；②系统灯具的工作状态应符合设计文件的规定。

（3）非持续型照明灯具有人体、声控等感应方式点亮功能时，根据系统设计文件的规定，使灯具处于主电供电状态下，对非持续型灯具的感应点亮功能进行检查并记录，灯具的感应点亮功能应符合下列规定：①按照产品使用说明书的规定，使灯具的设置场所满足点亮所需的条件；②非持续型照明灯应点亮。

2. 火灾状态下的系统控制功能调试

（1）在设置区域火灾报警系统的场所，使集中电源或应急照明配电箱与火灾报警控制器相连，根据系统设计文件的规定，使火灾报警控制器发出火灾报警输出信号，对系统的自动应急启动功能进行检查并记录，系统的自动应急启动功能应符合下列规定：①灯具采用集中电源供电时，集中电源应转入蓄电池电源输出，其所配接的所有非持续型照明灯的光源应应急点亮、持续型灯具的光源应由节电点亮模式转入应急点亮模式，灯具光源应急点亮的响应时间应符合规定；②灯具采用自带蓄电池供电时，应急照明配电箱应切断主电源输出，其所配接的所有非持续型照明灯的光源应应急点亮、持续型灯具的光源应由节电点亮模式转入应急点亮模式，灯具光源应急点亮的响应时间应符合规定。

（2）根据系统设计文件的规定，对系统的手动应急启动功能进行检查并记录，系统的手动应急启动功能应符合下列规定：①灯具采用集中电源供电时，手动操作集中电源的应急启动控制按钮，集中电源应转入蓄电池电源输出，其所配接的所有非持续型照明灯的光源应应急点亮、持续型灯具的光源应由节电点亮模式转入应急点亮模式，且灯具光源应急点亮的响应时间应符合规定；②灯具采用自带蓄电池供电时，手动操作应急照明配电箱的应急启动控制按钮，应急照明配电箱应切断主电源输出，其所配接的所有非持续型照明灯的光源应应急点亮、持续型灯具的光源应由节电点亮模式转入应急点亮模式，且灯具光源应急点亮的响应时间应符合规定；③照明灯设置部位地面水平最低照度应符合规定；④灯具应急点亮的持续工作时间应符合规定。

8.1.5.6　备用照明功能调试

根据设计文件的规定，对系统备用照明的功能进行检查并记录，系统备用照明的功能应符合下列规定：

①切断为备用照明灯具供电的正常照明电源输出；
②消防电源专用应急回路供电应能自动投入为备用照明灯具供电。

8.1.6　系统检测与验收

（1）系统竣工后，建设单位应负责组织施工、设计、监理等单位进行系统验收，验收不合格，不得投入使用。

（2）系统的检测、验收应按《消防应急照明和疏散指示系统技术标准》（GB 51309—2018）中所规定的检测和验收对象、项目及数量，按相关规定进行，并填写记录。

（3）系统检测、验收时，应对施工单位提供的下列资料进行齐全性和符合性检查，并按表 8-6 的规定填写记录：①竣工验收申请报告、设计变更通知书、竣工图；②工程质量事故处理报告；③施工现场质量管理检查记录；④系统安装过程质量检查记录；⑤系统部件的现场设置情况记录；⑥系统控制逻辑编程记录；⑦系统调试记录；⑧系统部件的检验报告、合格证明材料。

（4）根据各项目对系统工程质量影响严重程度的不同，将检测、验收的项目划分为 A、B、C 三个类别：

①A 类项目应符合下列规定：

a. 系统中的应急照明控制器、集中电源、应急照明配电箱和灯具的选型与设计文件的符合性；

b. 系统中的应急照明控制器、集中电源、应急照明配电箱和灯具消防产品准入制度的符合性；

c. 应急照明控制器的应急启动、标志灯指示状态改变控制功能；

d. 集中电源、应急照明配电箱的应急启动功能；

e. 集中电源、应急照明配电箱的连锁控制功能；

f. 灯具应急状态的保持功能；

g. 集中电源、应急照明配电箱的电源分配输出功能。

②B 类项目应符合下列规定：

a. GB 51309—2018 中规定资料的齐全性、符合性；

b. 系统在蓄电池电源供电状态下的持续应急工作时间；

c. 其余项目应为 C 类项目。

（5）系统检测、验收结果判定准则应符合下列规定：

①A 类项目不合格数量应为 0，B 类项目不合格数量应小于或等于 2，B 类项目不合格数量加上 C 类项目不合格数量应小于或等于检查项目数量的 5%的，系统检测、验收结果应为合格；

②不符合合格判定准则的，系统检测、验收结果应为不合格。

（6）本节各项检测、验收项目中，当有不合格时，应修复或更换，并进行复验。复验时，对有抽验比例要求的，应加倍检验。

8.1.7   系统运行维护

（1）系统投入使用前，应具有下列文件资料：①检测、验收合格资料；②消防安全管理规章制度、灭火及应急疏散预案；③建、构筑物竣工后的总平面图、系统图、系统设备平面布置图、重点部位位置图；④各防火分区、楼层、隧道区间、地铁站厅或站台的疏散指示方案；⑤系统部件现场设置情况记录；⑥应急照明控制器控制逻辑编程记录；⑦系统设备使用说明书、系统操作规程、系统设备维护保养制度。

（2）系统的使用单位应建立规定的文件档案，并应有电子备份档案。

（3）应保持系统连续正常运行，不得随意中断。

（4）系统应按规定的巡查项目和内容进行日常巡查，巡查的部位、频次应符合现行国家标准《建筑消防设施的维护管理》（GB 25201—2010）的规定，并按规定填写记录。巡查过程中发现设备外观破损、设备运行异常时应立即报修。

（5）每年应按表 8-5 规定的检查项目、数量对系统部件的功能、系统的功能进行检查，并应符合下列规定：

①系统的年度检查可根据检查计划，按月度、季度逐步进行；

②月度、季度的检查数量应符合表 8-5 的规定；

③系统部件的功能、系统的功能应符合规定；

④系统在蓄电池电源供电状态下的应急工作持续时间不符合规定时，应更换相应系统设备或更换其蓄电池（组）。

表8-5　　　　　　　　　　　　**系统月检、季检对象、项目及数量**

序号	检查对象	检 查 项 目	检 查 数 量
1	集中控制型系统	1 手动应急启动功能	应保证每月、季对系统进行一次手动应急启动功能检查。
		2 火灾状态下自动应急启动功能	应保证每年对每一个防火分区至少进行一次火灾状态下自动应急启动功能检查。
		3 持续应急工作时间	应保证每月对每一台灯具进行一次蓄电池电源供电状态下的应急工作持续时间检查。
2	非集中控制型系统	1 手动应急启动功能	应保证每月、季对系统进行一次手动应急启动功能检查。
		2 持续应急工作时间	应保证每月对每一台灯具进行一次蓄电池电源供电状态下的应急工作持续时间检查。

任务8.2　防火门、防火窗、防火卷帘系统的安装、调试与验收

8.2.1　一般规定

（1）防火卷帘、防火门、防火窗的安装，应符合施工图、设计说明书及设计变更通知单等技术文件的要求。

（2）防火卷帘、防火门、防火窗的安装过程应进行质量控制。每道工序结束后应进行质量检查，检查应由施工单位负责，并应由监理单位监督。隐蔽工程在隐蔽前应由施工单位通知有关单位进行验收。

（3）防火卷帘、防火门、防火窗安装过程的检查，应按 GB 50877—2014 中的相关规定填写安装过程检查记录及隐蔽工程验收记录。检查合格后，应经监理工程师签证后再进行调试。

8.2.2　防火卷帘安装

（1）防火卷帘帘板（面）安装应符合下列规定：

①钢质防火卷帘相邻帘板串接后应转动灵活，摆动90°不应脱落。

检查数量：全数检查。

检查方法：直观检查，直角尺测量。

②钢质防火卷帘的帘板装配完毕后应平直，不应有孔洞或缝隙。

检查数量：全数检查。

检查方法：直观检查。

③钢质防火卷帘帘板两端挡板或防窜机构应装配牢固，卷帘运行时，相邻帘板窜动量

不应大于 2mm。

　　检查数量：全数检查。

　　检查方法：直观检查，直尺或钢卷尺测量。

　　④无机纤维复合防火卷帘帘面两端应安装防风钩。

　　检查数量：全数检查。

　　检查方法：直观检查。

　　⑤无机纤维复合防火卷帘帘面应通过固定件与卷轴相连。

　　检查数量：全数检查。

　　检查方法：直观检查。

　　（2）导轨安装应符合下列规定：

　　①防火卷帘帘板或帘面嵌入导轨的深度应符合表 8-6 的规定。导轨间距大于表 8-6 中的规定时，导轨间距每增加 1000mm，每端嵌入深度应增加 10mm，且卷帘安装后不应变形。

　　检查数量：全数检查。

　　检查方法：直观检查；直尺测量，测量点为每根导轨距其底部 200mm 处，取最小值。

表 8-6　　　　　　　　　　　　　　**帘板或帘面嵌入导轨的深度**

导轨间距 B（mm）	每端最小嵌入深度（mm）
$B<3000$	>45
$3000 \leqslant B<5000$	>50
$5000 \leqslant B<9000$	>60

　　②导轨顶部应成圆弧形，其长度应保证卷帘正常运行。

　　检查数量：全数检查。

　　检查方法：直观检查。

　　③导轨的滑动面应光滑、平直。帘片或帘面、滚轮在导轨内运行时应平稳顺畅，不应有碰撞和冲击现象。

　　检查数量：全数检查。

　　检查方法：直观检查；手动试验。

　　④单帘面卷帘的两根导轨应互相平行，双帘面卷帘不同帘面的导轨也应互相平行，其平行度误差均不应大于 5mm。

　　检查数量：全数检查。

　　检查方法：直观检查；钢卷尺测量，测量点为距导轨顶部 200mm 处、导轨长度的 1/2 处及距导轨底部 200mm 处 3 点，取最大值和最小值之差。

　　⑤卷帘的导轨安装后相对于基础面的垂直度误差不应大于 1.5mm/m，全长不应大于 20mm。

　　检查数量：全数检查。

检查方法：直观检查；采用吊线方法，用直尺或钢卷尺测量。

⑥卷帘的防烟装置与帘面应均匀紧密贴合，其贴合面长度不应小于导轨长度的 80%。

检查数量：全数检查。

检查方法：直观检查；塞尺测量，防火卷帘关闭后用 0.1mm 的塞尺测量帘板或帘面表面与防烟装置之间的缝隙，塞尺不能穿透防烟装置时，表明帘板或帘面与防烟装置紧密贴合。

⑦防火卷帘的导轨应安装在建筑结构上，并应采用预埋螺栓、焊接或膨胀螺栓连接。导轨安装应牢固，固定点间距应为 600~1000mm。

检查数量：全数检查。

检查方法：直观检查；对照设计图纸检查；钢卷尺测量。

（3）座板安装应符合下列规定：

①座板与地面应平行，接触应均匀。座板与帘板或帘面之间的连接应牢固。

检查数量：全数检查。

检查方法：直观检查。

②无机复合防火卷帘的座板应保证帘面下降顺畅，并应保证帘面具有适当悬垂度。

检查数量：全数检查。

检查方法：直观检查。

（4）门楣安装应符合下列规定：

①门楣安装应牢固，固定点间距应为 600~1000mm。

检查数量：全数检查。

检查方法：直观检查；对照设计、施工文件检查；钢卷尺测量。

②门楣内的防烟装置与卷帘帘板或帘面表面应均匀紧密贴合，其贴合面长度不应小于门楣长度的 80%，非贴合部位的缝隙不应大于 2mm。

检查数量：全数检查。

检查方法：直观检查；塞尺测量，防火卷帘关闭后用 0.1mm 的塞尺测量帘板或帘面表面与防烟装置之间的缝隙，塞尺不能穿透防烟装置时，表明帘板或帘面与防烟装置紧密贴合，非贴合部分采用 2mm 的塞尺测量。

（5）传动装置安装应符合下列规定：

①卷轴与支架板应牢固地安装在混凝土结构或预埋钢件上。

检查数量：全数检查。

检查方法：直观检查。

②卷轴在正常使用时的挠度应小于卷轴的 1/400。

检查数量：同一工程同类卷轴抽查 1~2 件。

检查方法：直观检查；用试块、挠度计检查。

（6）卷门机安装应符合下列规定：

①卷门机应按产品说明书要求安装，且应牢固可靠。

检查数量：全数检查。

检查方法：直观检查；对照产品说明书检查。

②卷门机应设有手动拉链和手动速放装置，其安装位置应便于操作，并应有明显标志。手动拉链和手动速放装置不应加锁，且应采用不燃或难燃材料制作。

检查数量：全数检查。

检查方法：直观检查。

（7）防护罩（箱体）安装应符合下列规定：

①防护罩尺寸的大小应与防火卷帘洞口宽度和卷帘卷起后的尺寸相适应，并应保证卷帘卷满后与防护罩仍保持一定的距离，不应相互碰撞。

检查数量：全数检查。

检查方法：直观检查。

②防护罩靠近卷门机处，应留有检修口。

检查数量：全数检查。

检查方法：直观检查。

③防护罩的耐火性能应与防火卷帘相同。

检查数量：全数检查。

检查方法：直观检查；查看防护罩的检查报告。

（8）温控释放装置的安装位置应符合设计和产品说明书的要求。

检查数量：全数检查。

检查方法：直观检查；对照设计图纸和产品说明书检查。

（9）防火卷帘、防护罩等与楼板、梁和墙、柱之间的空隙，应采用防火封堵材料等封堵，封堵部位的耐火极限不应低于防火卷帘的耐火极限。

检查数量：全数检查。

检查方法：直观检查；查看封堵材料的检查报告。

（10）防火卷帘控制器安装应符合下列规定：

①防火卷帘的控制器和手动按钮盒应分别安装在防火卷帘内外两侧的墙壁上，当卷帘一侧为无人场所时，可安装在一侧墙壁上，且应符合设计要求。控制器和手动按钮盒应安装在便于识别的位置，且应标出上升、下降、停止等功能。

检查数量：全数检查。

检查方法：直观检查。

②防火卷帘控制器及手动按钮盒的安装应牢固可靠，其底边距地面高度宜为1.3~1.5m。

检查数量：全数检查。

检查方法：直观检查；尺量检查。

③防火卷帘控制器的金属件应有接地点，且接地点应有明显的接地标志，连接地线的螺钉不应作其他紧固用。

检查数量：全数检查。

检查方法：直观检查。

（11）与火灾自动报警系统联动的防火卷帘，其火灾探测器和手动按钮盒的安装应符合下列规定：

①防火卷帘两侧均应安装火灾探测器组和手动按钮盒。当防火卷帘一侧为无人场所时，防火卷帘有人侧应安装火灾探测器组和手动按钮盒。

检查数量：全数检查。

检查方法：直观检查。

②用于联动防火卷帘的火灾探测器的类型、数量及其间距应符合现行国家标准《火灾自动报警系统设计规范》（GB 50116—2013）的有关规定。

检查数量：全数检查。

检查方法：检查设计、施工文件；尺量检查。

（12）用于保护防火卷帘的自动喷水灭火系统的管道、喷头、报警阀等组件的安装，应符合现行国家标准《自动喷水灭火系统施工及验收规范》（GB 50261—2017）的有关规定。

检查数量：全数检查。

检查方法：对照设计、施工图纸检查；尺量检查。

（13）防火卷帘电气线路的敷设安装，除应符合设计要求外，尚应符合现行国家标准《建筑设计防火规范》（GB 50016—2014，2018 年版）的有关规定。

检查数量：全数检查。

检查方法：对照有关设计、施工文件检查。

8.2.3　防火门安装

（1）除特殊情况外，防火门应向疏散方向开启，防火门在关闭后应从任何一侧手动开启。

检查数量：全数检查。

检查方法：直观检查。

（2）常闭防火门应安装闭门器等，双扇和多扇防火门应安装顺序器。

检查数量：全数检查。

检查方法：直观检查。

（3）常开防火门，应安装火灾时能自动关闭门扇的控制、信号反馈装置和现场手动控制装置，且应符合产品说明书要求。

检查数量：全数检查。

检查方法：直观检查。

（4）防火门电动控制装置的安装应符合设计和产品说明书要求。

检查数量：全数检查。

检查方法：直观检查；按设计图纸、施工文件检查。

（5）防火插销应安装在双扇门或多扇门相对固定一侧的门扇上。

检查数量：全数检查。

检查方法：直观检查；查看设计图纸。

（6）防火门门框与门扇、门扇与门扇的缝隙处嵌装的防火密封件应牢固、完好。

检查数量：全数检查。

检查方法：直观检查。

（7）设置在变形缝附近的防火门，应安装在楼层数较多的一侧，且门扇开启后不应跨越变形缝。

检查数量：全数检查。

检查方法：直观检查。

（8）钢质防火门门框内应充填水泥砂浆。门框与墙体应用预埋钢件或膨胀螺栓等连接牢固，其固定点间距不宜大于600mm。

检查数量：全数检查。

检查方法：对照设计图纸、施工文件检查；尺量检查。

（9）防火门门扇与门框的搭接尺寸不应小于12mm。

检查数量：全数检查。

检查方法：使门扇处于关闭状态，用工具在门扇与门框相交的左边、右边和上边的中部画线作出标记，用钢板尺测量。

（10）防火门门扇与门框的配合活动间隙应符合下列规定：

①门扇与门框有合页一侧的配合活动间隙不应大于设计图纸规定的尺寸公差。

②门扇与门框有锁一侧的配合活动间隙不应大于设计图纸规定的尺寸公差。

③门扇与上框的配合活动间隙不应大于3mm。

④双扇、多扇门的门扇之间缝隙不应大于3mm。

⑤门扇与下框或地面的活动间隙不应大于9mm。

⑥门扇与门框贴合面间隙、门扇与门框有合页一侧、有锁一侧及上框的贴合面间隙，均不应大于3mm。

检查数量：全数检查。

检查方法：使门扇处于关闭状态，用塞尺测量其活动间隙。

（11）防火门安装完成后，其门扇应启闭灵活，并应无反弹、翘角、卡阻和关闭不严现象。

检查数量：全数检查。

检查方法：直观检查；手动试验。

（12）除特殊情况外，防火门门扇的开启力不应大于80N。

检查数量：全数检查。

检查方法：用测力计测试。

8.2.4 防火窗安装

（1）有密封要求的防火窗，其窗框密封槽内镶嵌的防火密封件应牢固、完好。

检查数量：全数检查。

检查方法：直观检查。

（2）钢质防火窗窗框内应充填水泥砂浆。窗框与墙体应用预埋钢件或膨胀螺栓等连接牢固，其固定点间距不宜大于600mm。

检查数量：全数检查。

检查方法：对照设计图纸、施工文件检查；尺量检查。

（3）活动式防火窗窗扇启闭控制装置的安装应符合设计和产品说明书要求，并应位置明显，便于操作。

检查数量：全数检查。

检查方法：直观检查；手动试验。

（4）活动式防火窗应装配火灾时能控制窗扇自动关闭的温控释放装置。温控释放装置的安装应符合设计和产品说明书要求。

检查数量：全数检查。

检查方法：直观检查；按设计图纸、施工文件检查。

8.2.5　功能调试

8.2.5.1　一般规定

（1）防火卷帘、防火门、防火窗安装完毕后，应进行功能调试，当有火灾自动报警系统时，功能调试应在有关火灾自动报警系统及联动控制设备调试合格后进行。功能调试应由施工单位负责，监理单位监督。

（2）防火卷帘、防火门、防火窗的功能调试应符合下列规定：

①调试前，应具备规定的技术资料和施工过程检查记录及调试必需的其他资料；

②调试前，应根据规定的调试内容和调试方法，制定调试方案，并应经监理单位批准；

③调试人员应根据批准的调试方案按程序进行调试。

（3）防火卷帘、防火门、防火窗的功能调试应按《防火卷帘、防火门、防火窗施工及验收规范》（GB 50877—2014）的相关规定填写调试过程检查记录。施工单位应在调试合格后向建设单位申请验收。

8.2.5.2　防火卷帘调试

（1）防火卷帘控制器应进行通电功能、备用电源、火灾报警功能、故障报警功能、自动控制功能、手动控制功能和自重下降功能调试，并应符合下列要求：

①通电功能调试时，应将防火卷帘控制器分别与消防控制室的火灾报警控制器或消防联动控制设备、相关的火灾探测器、卷门机等连接并通电，防火卷帘控制器应处于正常工作状态。

检查数量：全数检查。

检查方法：直观检查。

②备用电源调试时，设有备用电源的防火卷帘，其控制器应有主、备电源转换功能。主、备电源的工作状态应有指示，主、备电源的转换不应使防火卷帘控制器发生误动作。备用电源的电池容量应保证防火卷帘控制器在备用电源供电条件下能正常可靠工作 1h，并应提供控制器控制卷门机速放控制装置完成卷帘自重垂降，控制卷帘降至下限位所需的电源。

检查数量：全数检查。

检查方法：切断防火卷帘控制器的主电源，观察电源工作指示灯变化情况和防火卷帘是否发生误动作。然后切断卷门机主电源，使用备用电源供电，使防火卷帘控制器工作1h，用备用电源启动速放控制装置，观察防火卷帘动作、运行情况。

③火灾报警功能调试时，防火卷帘控制器应直接或间接地接收来自火灾探测器组发出的火灾报警信号，并应发出声、光报警信号。

检查数量：全数检查。

检查方法：使火灾探测器组发出火灾报警信号，观察防火卷帘控制器的声、光报警情况。

④故障报警功能调试时，防火卷帘控制器的电源缺相或相序有误，以及防火卷帘控制器与火灾探测器之间的连接线断线或发生故障，防火卷帘控制器均应发出故障报警信号。

检查数量：全数检查。

检查方法：任意断开电源一相或对调电源的任意两相，手动操作防火卷帘控制器按钮，观察防火卷帘动作情况及防火卷帘控制器报警情况。断开火灾探测器与防火卷帘控制器的连接线，观察防火卷帘控制器报警情况。

⑤自动控制功能调试时，当防火卷帘控制器接收到火灾报警信号后，应输出控制防火卷帘完成相应动作的信号，并应符合下列要求：

a. 控制分隔防火分区的防火卷帘由上限位自动关闭至全闭；

b. 防火卷帘控制器接到感烟火灾探测器的报警信号后，控制防火卷帘自动关闭至中位（1.8m）处停止，接到感温火灾探测器的报警信号后，继续关闭至全闭。

c. 防火卷帘半降、全降的动作状态信号应反馈到消防控制室。

检查数量：全数检查。

检查方法：分别使火灾探测器组发出半降、全降信号，观察防火卷帘控制器声、光报警和防火卷帘动作、运行情况以及消防控制室防火卷帘动作状态信号显示情况。

⑥手动控制功能调试时，手动操作防火卷帘控制器上的按钮和手动按钮盒上的按钮，可控制防火卷帘的上升、下降、停止。

检查数量：全数检查。

检查方法：手动试验。

⑦自重下降功能调试时，应将卷门机电源设置于故障状态，防火卷帘应在防火卷帘控制器的控制下，依靠自重下降至全闭。

检查数量：全数检查。

检查方法：切断卷门机电源，按下防火卷帘控制器下降按钮，观察防火卷帘动作、运行情况。

（2）防火卷帘用卷门机的调试应符合下列规定：

①卷门机手动操作装置（手动拉链）应灵活、可靠，安装位置应便于操作。使用手动操作装置（手动拉链）操作防火卷帘启、闭运行时，不应出现滑行撞击现象。

检查数量：全数检查。

检查方法：直观检查，拉动手动拉链，观察防火卷帘动作、运行情况。

②卷门机应具有电动启闭和依靠防火卷帘自重恒速下降（手动速放）的功能。启动防火卷帘自重下降（手动速放）的臂力不应大于 70N。

检查数量：全数检查。

检查方法：手动试验，拉动手动速放装置，观察防火卷帘动作情况，用弹簧测力计或砝码测量其启动下降臂力。

③卷门机应设有自动限位装置，当防火卷帘启、闭至上、下限位时，应自动停止，其重复定位误差应小于 20mm。

检查数量：全数检查。

检查方法：启动卷门机，运行一定时间后，关闭卷门机，用直尺测量重复定位误差。

（3）防火卷帘运行功能的调试应符合下列规定：

①防火卷帘装配完成后，帘面在导轨内运行应平稳，不应有脱轨和明显的倾斜现象。双帘面卷帘的两个帘面应同时升降，两个帘面之间的高度差不应大于 50mm。

检查数量：全数检查。

检查方法：手动检查；用钢卷尺测量双帘面卷帘的两个帘面之间的高度差。

②防火卷帘电动启、闭的运行速度应为 2 ~ 7.5m/min，其自重下降速度不应大于 9.5m/min。

检查数量：全数检查。

检查方法：用秒表、钢卷尺测量。

③防火卷帘启、闭运行的平均噪声不应大于 85dB。

检查数量：全数检查。

检查方法：在防火卷帘运行中，用声级计在距卷帘表面的垂直距离 1m、距地面的垂直距离 1.5m 处，水平测量 3 次，取其平均值。

④安装在防火卷帘上的温控释放装置动作后，防火卷帘应自动下降至全闭。

检查数量：同一工程同类温控释放装置抽检 1~2 个。

检查方法：防火卷帘安装并调试完毕后，切断电源，加热温控释放装置，使其感温元件动作，观察防火卷帘动作情况。试验前，应准备备用的温控释放装置。试验后，应重新安装。

8.2.5.3　防火门调试

（1）常闭防火门，从门的任意一侧手动开启，应自动关闭。当装有信号反馈装置时，开、关状态信号应反馈到消防控制室。

检查数量：全数检查。

检查方法：手动试验。

（2）常开防火门，其任意一侧的火灾探测器报警后，应自动关闭，并应将关闭信号反馈至消防控制室。

检查数量：全数检查。

检查方法：用专用测试工具，使常开防火门一侧的火灾探测器发出模拟火灾报警信号，观察防火门动作情况及消防控制室信号显示情况。

（3）常开防火门，接到消防控制室手动发出的关闭指令后，应自动关闭，并应将关闭信号反馈至消防控制室。

检查数量：全数检查。

检查方法：在消防控制室启动防火门关闭功能，观察防火门动作情况及消防控制室信号显示情况。

（4）常开防火门，接到现场手动发出的关闭指令后，应自动关闭，并应将关闭信号反馈至消防控制室。

检查数量：全数检查。

检查方法：现场手动启动防火门关闭装置，观察防火门动作情况及消防控制室信号显示情况。

8.2.5.4   防火窗调试

（1）活动式防火窗，现场手动启动防火窗窗扇启闭控制装置时，活动窗扇应灵活开启，并应完全关闭，同时应无启闭卡阻现象。

检查数量：全数检查。

检查方法：手动试验。

（2）活动式防火窗，其任意一侧的火灾探测器报警后，应自动关闭，并应将关闭信号反馈至消防控制室。

检查数量：全数检查。

检查方法：用专用测试工具，使活动式防火窗任一侧的火灾探测器发出模拟火灾报警信号，观察防火窗动作情况及消防控制室信号显示情况。

（3）活动式防火窗，接到消防控制室发出的关闭指令后，应自动关闭，并应将关闭信号反馈至消防控制室。

检查数量：全数检查。

检查方法：在消防控制室启动防火窗关闭功能，观察防火窗动作情况及消防控制室信号显示情况。

（4）安装在活动式防火窗上的温控释放装置动作后，活动式防火窗应在 60s 内自动关闭。

检查数量：同一工程同类温控释放装置抽检 1~2 个。

检查方法：活动式防火窗安装并调试完毕后，切断电源，加热温控释放装置，使其热敏感元件动作，观察防火窗动作情况，用秒表测试关闭时间。试验前，应准备备用的温控释放装置，试验后，应重新安装。

8.2.6   验收

8.2.6.1   一般规定

（1）防火卷帘、防火门、防火窗调试完毕后，应在施工单位自行检查评定合格的基础上进行工程质量验收。验收应由施工单位提出申请，并应由建设单位组织监理、设计、施工等单位共同实施。

（2）防火卷帘、防火门、防火窗工程质量验收前，施工单位应提供下列文件资料，并应按表 8-7 填写资料核查记录：①工程质量验收申请报告；②规定的施工现场质量管理检查记录；③规定的技术资料；④竣工图及相关文件资料；⑤施工过程（含进场检验、安装及调试过程）检查记录；⑥隐蔽工程验收记录。

表 8-7　　　　　　　防火卷帘、防火门、防火窗工程质量控制资料核查记录

工程名称					
建设单位			设计单位		
监理单位			施工单位		
序号	资 料 名 称		数量	核查结果	核查人
1	经批准的施工图、设计说明书及设计变更通知书				
	竣工图等相关文件				
2	防火卷帘、防火门、防火窗及与其配套的卷门机、控制器、手动按钮盒、感烟和感温探测器、防火闭门器、温控释放装置等的产品出厂合格证和符合市场准入制度规定的有效证明文件				
	成套设备及主要零配件的产品说明书				
3	施工过程检查记录，隐蔽工程验收记录				
核查结论					
验收单位	设计单位	施工单位	监理单位	建设单位	
	（公章） 项目负责人：（签章） 年　月　日	（公章） 项目负责人：（签章） 年　月　日	（公章） 监理工程师：（签章） 年　月　日	（公章） 项目负责人：（签章） 年　月　日	

（3）防火卷帘、防火门、防火窗工程质量验收前，应根据规定的验收内容和验收方法，制定验收方案，验收人员应根据验收方案按程序进行，并应按规定填写工程质量验收记录。

8.2.6.2　防火卷帘验收

（1）防火卷帘的型号、规格、数量、安装位置等应符合设计要求。

检查数量：全数检查。

检查方法：直观检查。

（2）防火卷帘施工安装质量的验收应符合规定。

（3）防火卷帘系统功能验收应符合规定。

8.2.6.3　防火门验收

（1）防火门的型号、规格、数量、安装位置等应符合设计要求。

检查数量：全数检查。

检查方法：直观检查；对照设计文件查看。

（2）防火门安装质量的验收应符合规定。

（3）防火门控制功能验收应符合规定。

8.2.6.4　防火窗验收

（1）防火窗的型号、规格、数量、安装位置等应符合设计要求。

检查数量：全数检查。

检查方法：直观检查；对照设计文件查看。

（1）防火窗安装质量的验收应符合规定。

（2）活动式防火窗控制功能的验收应符合规定。

8.2.7　使用与维护

（1）防火卷帘、防火门、防火窗投入使用时，应具备下列文件资料：①工程竣工图及主要设备、零配件的产品说明书；②设备工作流程图及操作规程；③设备检查、维护管理制度；④设备检查、维护管理记录；⑤操作员名册及相应的工作职责。

（2）使用单位应配备经过消防专业培训并考试合格的专门人员负责防火卷帘、防火门、防火窗的定期检查和维护管理工作。

（3）使用单位应建立防火卷帘、防火门、防火窗的维护管理档案，其中应包括规定的文件资料，并应有电子备份档案。

（4）防火卷帘、防火门、防火窗及其控制设备应定期检查、维护，并应按规定填写设备检查、使用和管理记录。

（5）每日应对防火卷帘下部、常开式防火门门口处、活动式防火窗窗口处进行一次检查，并应清除妨碍设备启闭的物品。

（6）每季度应对防火卷帘、防火门和活动式防火窗的下列功能进行一次检查：

①手动启动防火卷帘内外两侧控制器或按钮盒上的控制按钮，检查防火卷帘上升、下降、停止功能；

②手动操作防火卷帘手动速放装置，检查防火卷帘依靠自重恒速下降功能；

③手动操作防火卷帘的手动拉链，检查防火卷帘升、降功能，且无滑行撞击现象；

④手动启动常闭式防火门，检查防火门开关功能，且无卡阻现象；

⑤手动启动活动式防火窗上的控制装置，检查防火窗开关功能且无卡阻现象。

（7）每年应对防火卷帘、防火门、防火窗的下列功能进行一次检查：

①防火卷帘控制器的火灾报警功能、自动控制功能、手动控制功能、故障报警功能、备用电源转换功能。

②常开式防火门火灾报警联动控制功能、消防控制室手动控制功能、现场手动控制

功能。

③活动式防火窗火灾报警联动控制功能、消防控制室手动控制功能、现场手动控制功能。

（8）对检查和试验中发现的问题应及时解决，对损坏或不合格的设备、零配件应立即更换，并应恢复正常状态。

任务8.3 消防电梯的安装、调试与验收

8.3.1 一般规定

（1）消防员电梯的设计应符合 GB/T 7588.1—2020 的要求，并应配备附加的保护、控制和信号。

（2）消防员电梯的轿厢尺寸和额定载重量宜优先从 GB/T 7025.1—2008 中选择，其轿厢宽度不应小于 1100mm，轿厢深度不应小于 1400mm，额定载重量不应小于 800kg。轿厢的净入口宽度不应小于 800mm。

（3）在有预定用途包括疏散的场合，为了运送担架、病床等的消防员电梯，其额定载重量不应小于 1000kg。

（4）最大提升高度不大于 200m 时，消防员电梯从消防员入口层到消防服务最高楼层的消防服务运行时间不应超过 60s，运行时间从消防员电梯轿门关闭后开始计算。最大提升高度超过 200m 时，提升高度每增加 3m，运行时间可增加 1s。

（5）消防员电梯应设计成在消防服务模式下能够在下列条件持续工作一段时间，该时间与建筑物结构的要求相适应：

①各层站（消防员入口层除外）的电气、电子的控制装置（操作装置和指示器）应能在 0~65℃ 的环境温度范围内正常工作或者被设置为无效，这些装置的故障不应妨碍消防员电梯在消防服务状态下的运行；

②消防员电梯的所有其他电气、电子器件应设计为在 0~40℃ 的环境温度范围内正常工作；

③在充满烟雾的井道和/或机器空间中，消防员电梯控制系统应能确保功能正常；

④任何环境温度传感器不应使消防员电梯停止运行或者阻止消防员电梯的启动。

（6）消防员电梯有两个轿厢入口时，在消防服务过程中的任何时候应仅允许其中一个轿门打开。

（7）相邻两层门地坎间的距离大于 7m 时，应设置井道安全门，使地坎间的距离不大于 7m；在设置救援用梯子时，梯子的最大长度应予以考虑。

（8）不需要在火灾发生时保持运行的电梯与消防员电梯共用多梯井道时，应按照 GB/T 24479 的要求提供火灾召回功能。

（9）消防员电梯井道、机器空间不应设置消防喷淋装置。

8.3.2 验收检验和试验项目

电梯安装验收检验和试验按表 8-8 规定项目进行。

表 8-8   **电梯安装验收检验和试验项目分类表**

序号	项类	检验或试验项目	备注
1		通道	
2		安全空间和维修空间	☆
3		主开关、照明及其开关	☆
4		断、错相防护和电动机电源切断检查	☆
5		电气布线及安装	
6	机械设备区间和滑轮间	接触器和接触器式继电器	
7		设备安装	
8		驱动主机	
9		旋转部件的防护	
10		电动机和其他电气设备的保护	
11		电动机运转时间限制器	☆
12		紧急操作	☆
13		井道壁	
14		检修门、井道安全门和检修活板门	
15		安全空间和安全间距	☆
16		井道照明	
17	井道	导轨	
18		对重和平衡重	
19		随行电缆	
20		限速器系统	☆
21		缓冲器	☆
22		底坑	
23		工作区域在轿厢内或轿顶上	☆
24		工作区域在底坑内	☆
25	机械设备在井道时的工作区域	工作区域在平台上	☆
26		工作区域在井道外	
27		门和检修活板门	

续表

序号	项类	检验或试验项目	备注
28	轿厢	轿厢总体	
29		轿门护脚板	☆
30		轿门	☆
31		轿厢玻璃	
32		轿顶	
33		轿厢安全窗和轿厢安全门	☆
34		紧急照明	
35		安全钳	☆
36		轿厢上行超速保护装置	☆
37		通风及照明	
38	悬挂和补偿装置	悬挂装置	
39		补偿绳	
40	层门和层站	层站指示和操作装置	
41		层站处运行间隙和安装尺寸	
42		层门防护	☆
43		紧急和试验操作装置	☆
44		层门玻璃	
45		层门耐火	
46	电气安全装置	电气开关的安装检查	☆
47		电气安全装置的作用方式	☆
48		电气安全装置	☆
49		安全触点	☆
50	紧急报警装置	电梯管理机构的应急响应	☆
51		轿厢内报警装置	☆
52		紧急操作处对讲装置	☆
53		井道内报警装置	☆
54		报警装置电源	☆
55		报警装置通话要求	☆

续表

序号	项类	检验或试验项目	备注
56	电磁运行控制	门开着情况下的平层和再平层控制	☆
57		检修运行控制	☆
58		紧急电动运行控制	☆
59		对接操作运行控制	
60	验收试验项目与试验要求	速度	
61		平衡系数	
62		起动加速度、制动减速度和 A95 加速度、A95 减速度	
63		振动	
64		开关门时间	
65		平层准确度和平层保持精度	
66		运行噪声	
67		超载保护	
68		制动系统	☆
69		曳引条件	☆
70		限速器和安全钳	☆
71		轿厢上行超速保护装置	☆
72		缓冲器	☆
73		层门和轿门联锁	☆
74		极限开关	☆
75		运行	

注：表中备注栏内标有"☆"的为重要项目，其余为一般项目。

8.3.3 使用与维护

为了保证消防员电梯的安全可靠运行，有必要有计划地对其进行适当的定期维护，通常每月一次。

维护此类消防设备需要确保建筑日常运作的负责人（RP）和消防员电梯维护保养单位的共同努力。

定期检查和测试要求如下：

（1）负责人（RP）需组织人员定期对消防员电梯进行检查，以确保消防员电梯能符合制造单位提供的说明正常运行。通常包括以下内容：

①操作消防员电梯开关（通常每周一次），检查消防员电梯是否返回消防员入口层，消防员电梯开着门停留在该楼层，电梯不响应层站呼梯；

②如果消防员电梯连接了 BMS 的火灾探测系统，检查以确保消防员电梯响应来自 BMS 或探测系统的指令；

③模拟第一电源故障（通常每月一次），以检查第二电源的转换并以第二电源运行；如果第二电源是发电机供电，则给消防员电梯供电至少 1h；

④从消防员电梯开关和 BMS/探测系统对消防员电梯运行进行全面测试（通常每年一次，由负责人（RP）与消防员电梯维护保养单位共同安排）。由第二电源供电，检查包括通信系统在内的全部消防功能。需检查以确保消防员电梯可以运行到任何需要的楼层，并在到达一个楼层后仅在操作开门按钮时开门，然后开着门停靠在该楼层；

⑤检查建筑有关事项，包括防止水流入消防员电梯井道的措施和/或解决井道进水的措施，以及检查用于控制消防员电梯底坑水位的泵的运行。

（2）消防员电梯维护保养单位需按照负责人（RP）的要求进行年度测试，并记录消防员电梯各方面是否正确运行，包括通信系统。

更换的要求如下：

（1）如果需要更换消防员电梯的零件或部件，消防员电梯维护保养单位需向负责人（RP）提出建议，以确保火灾发生时消防员电梯的可用性和可靠性。

（2）如果在用消防员电梯的有关标准发生变更，消防员电梯维护保养单位需向负责人（RP）提出建议，特别是火灾情况下消防员电梯的运行。

任务8.4　建筑防火封堵的施工与验收

8.4.1　一般规定

（1）建筑防火封堵施工应按照设计文件、相应产品的技术说明和操作规程以及防火封堵组件的构造要求进行。

（2）施工前，施工单位应做好下列准备工作：

①应按设计文件和相应产品的技术说明确认并修整现场条件，制定具体的施工方案，并经监理单位审核批准后组织实施；

②应逐一查验防火封堵材料、辅助材料的适用性、技术说明；

③当被贯穿体类型和厚度、贯穿孔口尺寸、贯穿物类型和数量等现场条件与设计要求不一致时，施工单位应告知设计单位，并由设计单位出具变更设计文件；

④应根据工艺要求和现场情况准备施工机械、工具和安全防护设施等必要的作业条件。对施工现场可能产生的危害制定应急预案，并进行交底、培训和必要的演练。

（3）施工期间，应根据现场情况采取防止污染地面、墙面及建筑其他构件或结构表面的防护措施。

（4）对重要工序和关键部位应加强质量检查，并应按规范要求填写施工过程检查记录，宜同时留存图像资料。隐蔽工程中的防火封堵应在隐蔽工程封闭前进行中间验收，并应按照规定填写相应的隐蔽工程质量验收记录。

（5）建筑防火封堵工程的竣工验收应符合建设工程施工验收的有关程序。

8.4.2　施工

（1）封堵作业前，应清理建筑缝隙、贯穿孔口、贯穿物和被贯穿体的表面，去除杂物、油脂、结构上的松动物体，并应保持干燥。需要养护的封堵部位应在封堵作业后按照产品使用要求进行养护，并应在养护期间采取防止外部扰动的措施。

（2）背衬材料采用矿物棉时，应按下列规定进行施工：

①矿物棉压缩不应小于自然状态的 30%，且压缩后的矿物棉厚度应稍大于封堵部位缝隙的宽度，并应符合规定；

②压实后的矿物棉应顺挤压面塞入封堵部位，矿物棉应靠其回胀力阻止脱落，并应与待封堵部位的表面齐平；

③填塞的矿物棉应经监理人员验证其阻止脱落的性能后方能进行下一步的防火封堵施工。

（3）无机堵料应按下列顺序和要求进行施工：

①在封堵部位应设置临时或永久性的挡板；

②应按照产品使用要求加水均匀搅拌无机堵料；

③应将搅拌后的无机堵料灌注到封堵的部位，并抹平表面；

④应在无机堵料养护周期满后再封堵无机堵料与贯穿物、被贯穿体之间的缝隙，并应符合规定。

（4）柔性有机堵料和防火密封胶应按下列顺序和要求进行施工：

①应按照规定采用矿物棉填塞封堵部位；

②应采用挤胶枪等工具填入堵料，抹平表面，并应符合规定。

（5）防火密封漆应按下列顺序和要求进行施工：

①应按照规定采用矿物棉填塞封堵部位；

②应采用刷子或喷涂设备等均匀涂覆堵料，厚度、搭接宽度均应符合规定。

（6）阻火模块、阻火包应按下列顺序和要求进行施工：

①阻火模块应交错堆砌，并应按照产品使用要求牢固粘接；

②应封堵阻火模块、阻火包与贯穿物、被贯穿体之间的缝隙，并应符合规定。

（7）防火封堵板材应按下列顺序和要求进行施工：

①应按封堵部位的形状和尺寸剪裁板材，并应对切割边进行钝化处理；

②应在板材安装后按照相应产品的使用技术要求封堵板材与贯穿物、被贯穿体之间的缝隙，并应符合规定。

（8）泡沫封堵材料应按下列顺序和要求进行施工：

①在封堵部位应设置临时或永久性的挡板；

②应按规定将混合后的材料灌注到封堵的部位。

（9）阻火圈应按下列顺序和要求进行施工：

①应按照设计要求在管道贯穿部位的环形间隙内紧密填塞防火封堵材料；

②应将阻火圈套在贯穿管道上；

③应采用膨胀螺栓将阻火圈固定在建筑结构或构件上。

（10）阻火包带应按下列顺序和要求进行施工：

①应按照产品使用要求将阻火包带缠绕到贯穿物上，并应缓慢推入贯穿部位的环形间隙内，或在阻火包带外采用具有防火性能的专用箍圈固定；

②应采用具有膨胀性的柔性有机堵料或防火密封胶封堵贯穿部位的环形间隙，并应符合规定。

8.4.3　验收

（1）防火封堵工程完成后，施工单位应组织进行施工质量自查、自验。自查、自验后，应向建设单位提交下列文件：①防火封堵工程竣工报告；②防火封堵材料、组件的检测合格报告；③施工过程检查记录；④隐蔽工程验收记录；⑤施工完成后的自查、自验记录。

（2）建筑缝隙防火封堵的材料选用、构造做法等应符合设计和施工要求。

①应检查防火封堵的外观。

检查数量：全数检查。

检查方法：直观检查有无脱落、变形、开裂等现象。

②应检查防火封堵的宽度。

检查数量：每个防火分区抽查建筑缝隙封堵总数的20%，且不少于5处，每处取5个点。当同类型防火封堵少于5处时，应全部检查。

检查方法：直尺测量缝隙封堵的宽度，取5个点的平均值。

③应检查防火封堵的深度。

检查数量：每个防火分区抽查建筑缝隙封堵总数的20%，且不少于5处，每处现场取样5个点。当同类型防火封堵少于5处时，应全部检查。

检查方法：游标卡尺测量取样的材料厚度。

④应检查防火封堵的长度。

检查数量：每个防火分区抽查建筑缝隙封堵总数的20%，且不少于5处，每处现场取样5个点。当同类型防火封堵少于5处时，应全部检查。

检查方法：直尺或卷尺测量封堵部位的长度。

（3）贯穿孔口防火封堵的材料选用、构造做法等应符合设计和施工要求：

①应检查防火封堵的外观。

检查数量：全数检查。

检查方法：直观检查有无脱落、变形、开裂等现象。

②应检查防火封堵的宽度。

检查数量：每个防火分区抽查贯穿孔口封堵总数的30%，且不少于5处，每处取3个点。当同类型防火封堵少于5个时，应全部检查。检查方法：直尺测量贯穿孔口的宽度。

③应检查防火封堵的深度。

检查数量：每个防火分区抽查贯穿孔口封堵总数的30%，且不少于5处，每处取3个点。当同类型防火封堵少于5处时，应全部检查。检查方法：游标卡尺测量取样的材料厚度，取3个点的平均值。

（4）当柔性有机堵料、防火密封胶、防火密封漆等防火封堵材料的长度、厚度和宽度现场抽样测量负偏差值的个数不超过抽验点数的 5% 时，可判定该类防火封堵合格，但应整改不合格的部位；当超过 5% 时，应判定该类防火封堵不合格，并应对同类防火封堵全数检查，不合格部位应在整改后重新验收。

（5）当无机堵料、泡沫封堵材料、阻火包、防火封堵板材、阻火模块等防火封堵材料的外观检查不合格的个数不超过抽验点数的 10% 时，可判定该类防火封堵合格，但应整改不合格的部位；当超过 10% 时，应判定该类防火封堵不合格，并应对同类防火封堵全数检查，不合格部位应在整改后重新验收。

任务 8.5　发电机组施工与验收

发电机组调试分三阶段进行：A. 检查、清洁；B. 空载运行；C. 带负载运行。

检查、清洁：检查、清洁发电机组及整个配电改造工程，具备投入运行的条件，工作包含并不仅限于如下内容：发电机组安装质量检查（水平度、垂直度、基础连接、电机绝缘、接地等）、电柜安装质量检查（水平度、垂直度、绝缘、控制测试等）、电缆敷设质量检查等等。

空载运行：发电机组起动后，空载运行 10min，检查：电池充电器或放电表、油压、发动机风扇、排气温度、进回水水温、电压等，观察有无漏油、漏水、漏气情况、观察进气情况。

带负载运行一：发电机组空载运行后，分步投入负载，到 20% 负载时，保持运行 1h，检查输出电压和频率，要求其波动率符合技术参数的要求，观察三相电流平衡度、润滑油压、水温等是否要求，同时观察生产设备起停、运行情况，有无异常。

带负载运行二：逐步增大负载，到 80% 负载时，继续检查输出电压、频率、三相电流平衡度、润滑油压、水温、噪声、烟气等是否符合要求。

参 考 文 献

[1] 汪诚丁．消防工程中自动化技术的应用探讨［J］．山东工业技术，2019（03）：248.

[2] 翟德峰．浅谈自动喷水灭火系统设计［J］．天津化工，2019，33（01）：57-58.

[3] 孙震宁，谢天光，郝爱玲．细水雾喷放条件下的用电安全性研究现状［J］．消防科学
与技术，2018，37（12）：1687-1689，1699.

[4] 陈雷．简析高层建筑消防防火排烟设计［J］．低碳世界，2018（12）：207-208.

[5] 丁显孔．消防设施操作员关键技能设定探讨［J］．消防技术与产品信息，2018，31
（11）：33-35.

[6] 王艺明．电气防火中的消防电源和防火门监控分析［J］．电子世界，2018（21）：99.

[7] 李薇．自动化技术在消防工程中的应用［J］．化工管理，2018（31）：120.

[8] 倪天晓．消防电气系统的常见问题及原因分析［J］．中国设备工程，2018（20）：
183-185.

[9] 寇殿良，袁建平，陈雪梅．高压细水雾灭火系统在综合管廊中的应用［J］．中国给水
排水，2018，34（20）：72-75.

[10] 孙惠择．高层建筑消防设施和器材安装的问题［J］．建材与装饰，2018（40）：
140-141.

[11] 陆茵．智能化技术在建筑中的作用探析［J］．智能城市，2018，4（13）：41-42.

[12] 李庚．基于物联网的自动化消防协同控制系统设计与实现［D］．长沙：湖南大
学，2018.

[13] 国赢．电气自动化控制在消防工程中的应用解析［J］．建材与装饰，2018（15）：
212-213.

[14] 周小华．自动化技术在消防工程中的应用分析［J］．中国新技术新产品，2018
（05）：143-144.

[15] 罗海波．基于配网自动化的智能消防系统［J］．通讯世界，2018（02）：152-153.

[16] 胡智剑．网络技术在消防防火和灭火工程中的应用研究［J］．四川水泥，2018
（02）：116.

[17] 李焕宏，汤立清，凌文祥．智能管网式干粉灭火系统［J］．消防科学与技术，2018，
37（01）：53-54，58.

[18] 曹媛，张赟，林耀．论自动化技术在消防工程中的应用［J］．电子世界，2017
（17）：174.

[19] 宋长海．无线火灾自动报警系统的设计与实现［D］．哈尔滨：哈尔滨工业大
学，2017.

[20] 王森. 新消防安全技术加速济南油库智能化建设 [J]. 当代化工研究，2017（08）：139-140.

[21] 杨俊艳. 基于 Web 技术的消防设施管理系统的设计与实现 [D]. 北京：中国科学院大学，2017.

[22] 刘业辉. 基于智能控制的消防系统研究 [D]. 南昌：华东交通大学，2017.

[23] 郑宇翔，任海涛. 浅析消防工程自动化应用技术 [J]. 科技创新与应用，2017（17）：295.

[24] 刘彦嘉. 探究自动化技术在消防工程中的应用 [J]. 现代工业经济和信息化，2017，7（06）：53-54.

[25] 回凤桐. 智能建筑自动化消防系统应用中存在的问题及对策 [J]. 消防界（电子版），2016（12）：51.

[26] 隋文. 水喷雾系统在液化石油气储罐消防冷却的应用 [J]. 辽宁化工，2015，44（03）：337-340.

[27] 刘中麟. 新型水基添加剂灭火有效性研究 [D]. 郑州：郑州大学，2015.

[28] 顾伟. 浅谈高层建筑消防安全自动化 [J]. 石河子科技，2013（04）：50-52.

[29] 荆胜南，周文高，吴浩. 自动化技术在消防工程中的应用 [J]. 黑龙江科技信息，2011（03）：51-52.

[30] 李佳音. 浅议智能建筑中消防自动控制系统的应用. 河南省金属学会 2010 年学术年会论文集 [C]. 河南省金属学会：河南省科学技术协会，2010：7.

[31] 林菁，王骥，沈玉利. 智能建筑火灾自动报警与消防联动系统研究 [J]. 建筑科学，2008（07）：101-104，51.